南方稻作区农户
专业化统防统治决策行为研究
——以鄱阳湖生态经济区为例

Research on the Decision-Making
Behavior of Farmers' Specialized Unified Prevention and
Domination in Southern Rice Farming Area

吴芝花 著

中国财经出版传媒集团
经济科学出版社
Economic Science Press
·北京·

图书在版编目（CIP）数据

南方稻作区农户专业化统防统治决策行为研究：以潘阳湖生态经济区为例 / 吴芝花著. -- 北京：经济科学出版社，2024. 10. -- ISBN 978 - 7 - 5218 - 6408 - 3

Ⅰ. S435.11

中国国家版本馆 CIP 数据核字第 2024525SS5 号

责任编辑：卢玥丞
责任校对：易　超
责任印制：范　艳

南方稻作区农户专业化统防统治决策行为研究
——以鄱阳湖生态经济区为例

NANFANG DAOZUOQU NONGHU ZHUANYEHUA
TONGFANGTONGZHI JUECE XINGWEI YANJIU
—YI POYANGHU SHENGTAI JINGJIQU WEILI

吴芝花　著

经济科学出版社出版、发行　新华书店经销
社址：北京市海淀区阜成路甲 28 号　邮编：100142
总编部电话：010 - 88191217　发行部电话：010 - 88191522
网址：www. esp. com. cn
电子邮箱：esp@ esp. com. cn
天猫网店：经济科学出版社旗舰店
网址：http：//jjkxcbs. tmall. com
北京季蜂印刷有限公司印装
710 × 1000　16 开　12.75 印张　200000 字
2024 年 10 月第 1 版　2024 年 10 月第 1 次印刷
ISBN 978 - 7 - 5218 - 6408 - 3　定价：89.00 元
（图书出现印装问题，本社负责调换。电话：010 - 88191545）
（版权所有　侵权必究　打击盗版　举报热线：010 - 88191661
QQ：2242791300　营销中心电话：010 - 88191537
电子邮箱：dbts@ esp. com. cn）

本书得到：

教育部人文社会科学青年项目"稻农专业化统防统治采纳行为研究：偏差识别、转化机理与扩散效应"（21YJC790127）；江西省高校人文社科项目"南方稻作区农户专业化统防统治采纳行为及引导政策研究"（JJ20211）；江西农业大学乡村振兴研究院/江西农业大学学科建设资金联合资助。

　　《南方稻作区农户专业化统防统治决策行为研究——以鄱阳湖生态经济区为例》一书，是吴芝花博士的博士学位论文和其主持的教育部人文社会科学青年项目、江西省高校人文社会科学项目最终成果的结晶，是吴芝花博士多年来对农户专业化统防统治行为潜心研究、艰苦探索所取得的重要研究成果。值此即将付梓之际，谨向她表示衷心祝贺！

　　粮食是人类社会生存和发展的基础。水稻作为南方地区种植面积最大、单产最高、总产最多的粮食作物，其生产不仅关乎农民收入的增加，而且关乎国家粮食稳定与安全。病虫害防治是水稻生产过程中技术含量高、劳动强度大、用工多、风险系数大的核心环节之一。然而，随着工业化和城镇化的快速发展，农村青壮年劳动力大量涌入城市务工经商，滞留农村从事农业生产的多为妇女和老人，他（她）们不仅受教育程度相对较低、而且生态环境保护意识较差，更缺乏病虫害防治所需的专业知识和技术，导致病虫害防治效率低、效果差。尤其受当前水稻品种、农药品种不断更新以及异常气候等因素影响，水稻病虫害种类、种群及其发生规律均出现了较大变化，病虫害发生日益严重化、复杂化，防治压力越来越大。因此，病虫害防治也就成了当前农业生产遭遇的一大难题。水稻专业化统防统治作为病虫害防治的一种组织方式和服务方式，为解决上述难题提供了有效路径，是传统农业向现代农业转变的重要环节。

为此，农业部 2008 年下发了《关于推进农作物病虫害专业化防治的意见》。2008 年和 2010 年的中央一号文件以及《国民经济和社会发展第十二个五年规划纲要》均对专业化统防统治提出了明确要求。此后，历年中央一号文件均对加快发展农业生产性服务、扶持培育统防统治等经营性服务组织、推进农业生产全程社会化服务提出了明确要求。2024 年中央一号文件（《中共中央 国务院关于学习运用"千村示范、万村整治"工程经验有力有效推进乡村全面振兴的意见》）更是提出要加强病虫和疫病防控，实施动植物保护能力提升工程，健全作物病虫害防控体系，统筹推进联防联控、统防统治和应急防治。水稻是我国主要农作物之一，播种面积占全国粮食作物的 1/4，产量则占一半以上，开展水稻专业化统防统治具有重要示范作用。南方稻作区作为我国重要的稻作区域，其水稻播种面积占全国水稻播种面积的 93.6%。因此，研究南方稻作区农户专业化统防统治决策行为具有重要的理论和现实意义。

本书通过入户调查获取研究所需资料，采用定性与定量相结合的方法，研究南方稻作区农户专业化统防统治决策行为。首先，根据农户行为理论与相关研究文献，构建农户专业化统防统治决策行为机理与理论模型，为本书提供理论框架；其次，实证分析农户采纳专业化统防统治意愿的影响因素；再次，实证分析农户采纳专业化统防统治采纳行为的影响因素；最后，实证分析专业化统防统治采纳意愿与采纳行为差异性的影响因素。在此基础上，有针对性地提出政府推进专业化统防统治方面的政策建议。

鉴于此，本书的研究成果具有重要的理论与现实意义：（1）结合相关理论和现有研究成果，定量分析南方稻作区农户专业化统防统治采纳意愿和采纳行为，并分析采纳意愿与采纳行为的差异性及其影响因素，为相关政策的制定提供理论依据，同时可以进一步丰富农户行为理论、计划行为理论；（2）本书基于微观农户视角，剖析农户专业化统防统治采纳意愿、采纳行为及其差异性，将有助于进一步明确农户专业化统防统治采纳意愿和采纳行为的主要影响因素，对比两者差异性，并探寻导致差异性的影响因素，从而有利于专业化统防统治的推广，使先进的科学技术能转化为直接的、现实的生产力，也有利于政府科学合理制定相关政策，引导农户合理有效地进行农业生产，从而保障粮食安全。

本书的创新之处主要体现在以下两个方面：（1）研究内容上的拓展。本书对鄱阳湖生态经济区水稻种植农户专业化统防统治采纳进行了系统分析。首先分析了采纳意愿及其影响因素，其次分析了采纳行为及其影响因素，最后对专业化统防统治采纳意愿和采纳行为的差异性进行深入分析，较以往单一研究专业化统防统治采纳意愿或采纳行为等内容更为全面。（2）研究视角上的创新。现有专业化统防统治的研究大部分是基于市级、省级以及国家层面，鲜有针对大湖流域尺度专业化统防统治的研究，而本书以鄱阳湖生态经济区为例，分析了鄱阳湖流域农户专业化统防统治采纳意愿与采纳行为，进一步丰富了研究视角。

本书设计合理，结构严谨；资料翔实，说理充分；研究方法得当，研究结论正确，反映出作者具有扎实的理论基础和系统的专业知识。希望吴芝花博士在今后的研究中，继续沿着现有研究的方向更加深入分析，结出更加丰硕的成果，为我国农业和农村经济发展贡献一份力量。

江西财经大学经济学院教授、博士生导师

张利国

2024 年 9 月于江西·南昌

目 录
CONTENTS

第1章

导　言 —————————————————————— 001

　　1.1　本书的研究背景与问题的提出　·002

　　1.2　本书的研究目的和意义　·007

　　1.3　本书的研究思路和研究方法　·008

　　1.4　本书的创新之处　·013

第2章

理论基础与文献综述 ———————————————— 014

　　2.1　相关概念界定　·015

　　2.2　理论基础　·019

　　2.3　文献综述　·027

第3章

农户专业化统防统治决策行为机理与理论框架 ———— 041

　　3.1　农业服务社会化视域中专业化统防统治的
　　　　两大关键特征　·042

3.2 行为机理：农户专业化统防统治的决策行为逻辑 ·046

3.3 理论框架：农户专业化统防统治的决策行为理论 ·052

3.4 本章小结 ·059

第4章

调研设计与数据来源 — 061

4.1 调研过程 ·062

4.2 调研内容和调研农户的选择 ·064

4.3 样本地区介绍 ·071

4.4 本章小结 ·076

第5章

鄱阳湖生态经济区水稻种植及病虫害发生和防治情况 — 078

5.1 鄱阳湖生态经济区水稻种植情况 ·079

5.2 鄱阳湖生态经济区水稻病虫害发生情况 ·083

5.3 鄱阳湖生态经济区水稻病虫害防治情况 ·085

5.4 本章小结 ·094

第6章

农户专业化统防统治采纳意愿分析 — 096

6.1 农户专业化统防统治采纳意愿的影响因素 ·097

6.2 模型构建和变量选取 ·100

6.3　农户专业化统防统治采纳意愿分析　·103

6.4　农户专业化统防统治采纳意愿的影响因素分析　·111

6.5　本章小结　·118

第7章

农户专业化统防统治采纳行为分析
119

7.1　农户专业化统防统治采纳行为的影响因素　·120

7.2　模型构建和变量选取　·122

7.3　农户专业化统防统治采纳行为分析　·124

7.4　农户专业化统防统治采纳行为的影响因素分析　·131

7.5　本章小结　·137

第8章

农户专业化统防统治采纳意愿与采纳行为的差异性分析
139

8.1　专业化统防统治采纳意愿与采纳行为差异性的
　　　影响因素　·140

8.2　模型构建和变量说明　·142

8.3　农户专业化统防统治采纳意愿与采纳行为
　　　差异性分析　·145

8.4　农户专业化统防统治采纳意愿与采纳行为差异性
　　　影响因素的分析　·150

8.5　本章小结　·156

第9章

研究结论与政策建议 ——————————————————158

9.1 研究结论 ·159

9.2 政策建议 ·160

9.3 研究展望 ·164

参考文献 ·166

附录 关于"病虫害专业化统防统治"的调查问卷 ·188

后记 ·193

第 **1** 章

导　言

1.1　本书的研究背景与问题的提出

1.2　本书的研究目的和意义

1.3　本书的研究思路和研究方法

1.4　本书的创新之处

本书的研究背景与问题的提出

改革开放 40 多年来，我国农业、农村、农民发生了翻天覆地的变化。农业生产总值从 1978 年的 1018.5 亿元增加到 2018 年的 64734 亿元，年均增长 2.0%；粮食产量从 1978 年的 30476.5 万吨增加到 2018 年的 65789 万吨，年均增长 2.8%[①]。成功解决了近 14 亿人的吃饭问题，创造了用世界 9% 的耕地、6% 的淡水养活近 20% 人口的奇迹[②]，这离不开农业科技进步和农药等投入要素的使用。

农药因其能预防、消灭或控制粮食生产过程中的病、虫、草、鼠和其他有害生物，有效提高粮食生产能力、确保粮食安全、促进农民增收，成为现代农业必不可少的生产资料。世界粮食产量因病虫草鼠害造成的损失每年约占总产量的 20%~35%，其中病虫害造成的损失居于首位。我国常见农作物病虫害多达 1000 余种，主要农作物病虫害超过 300 种，常年发生可造成严重危害的病虫害近 100 种[③]。美国若不使用农药进行防治，农作物和畜产品将减产 30%，使用农药带来的收益大体上为农药费用的 4 倍，即农药投入成本 1 美元，收益可达 4 美元[④]；英国试验证明，一年期间不使用农药导致谷物产量下降 45%、马铃薯产量下降 42%、甜菜产量下降 67%。在日本，不使用农药防治的结果是秧苗稻的产量减少 40%，而播种水稻的产量减少 90%[⑤]。农业生产中因使用农药进行防治，

① 资料来源：《中国统计年鉴》（1978~2018 年）。
② 中华人民共和国国务院新闻办公室：《中国的粮食安全》，人民出版社 2019 年版，第 10 页。
③ 周喜应：《浅谈我国的农药与粮食安全》，载《农药科学与管理》2014 年第 8 期。
④ 李志瑞：《有机磷农药降解菌的分离筛选及其降解性能的初步研究》，西北大学学位论文，2008 年。
⑤ 孙洪武、陈志石、牛宜生：《无公害农业——我国现阶段农业发展的现实选择》，载《农业科技管理》2003 年第 4 期。

全世界每年挽回农作物总产量 30%~40% 的损失，挽回经济损失 3000 亿美元[1]。我国每年挽回粮食损失 1 亿吨左右，占总产量的 15% 以上，相当于增加 667 万公顷耕地的粮食面积[2]。

然而，农药是把"双刃剑"，如果使用得当，能有效控制病虫草鼠害、促进粮食增产、农民增收；反之，则会对粮食生产安全、粮食质量安全和农业生态环境造成严重危害。农药暴露（pesticide exposure）导致农业生产者长期接触农药、食用含有农药残留超标的农产品，促使农药在人体内的大量积累，导致慢性中毒。经过长期累积，摄取的残留农药会对人体造成异常严重的损害，如诱发基因产生突变，致使癌变、畸形的比例和可能性大大提高（王萍等，2004）。农药的使用会对人类健康产生长期和急性的影响，以及对环境和生态系统的不利影响。长期以来，低剂量接触农药越来越多地与人类健康问题有关，如免疫抑制、激素紊乱、智力下降、生殖异常和癌变等。农药毒素在人类身体内长期积累会逐渐损害大脑、肝肾、心脏、生殖系统等器官功能，诱发疾病。调查发现，经常接触农药的农民患帕金森病的概率比那些没有接触过农药的人高出 90%[3]。欧美一些国家研究表明，经常食用从受到农药等化学物污染的水域捕捞上来的鱼类和甲壳类，对人，特别是胎儿和婴儿的成长造成严重不利影响（周喜应，2014）。我国每年销售和使用的农药在 170 万吨左右[4]，其中有相当部分使用的是国家已明令禁止的，大多数属于有毒有机物。近年来，我国癌症发病率、死亡率均呈上升趋势，一些奇病、怪病也时有发生，这些都与农药的环境和食物污染有很大关系（郑风田，2003）。我国农副产品出口的主要市场是日本、美国、欧盟、东南亚等发达或较发达国家或地区，加入世界贸易组织后，这些国家或地区

---

① 纪明山：《农药在现代化农业中的作用》，载《环境保护与循环经济》2011 年第 3 期。
② 周喜应：《略论农药与农业可持续发展》，载《中国植保专刊》2014 年第 6 期。
③ 《农药残留危害知多少 农残蔬菜排行榜》，新华网，2012 年 6 月 27 日。
④ 陈锡文：《走中国特色农业现代化道路》，载《农村工作通讯》2007 年第 12 期。

设立的"绿色贸易壁垒"使得我国农副产品在国际贸易商品结构中的出口比重大幅下降（王明远，1996）。我国每年仅因为农药残留污染或者有害生物问题，引起国际农产品退货或处理所造成的直接经济损失在100亿美元以上，农药等毒物残留已成为困扰农产品出口的主要原因之一（周喜应，2014）。

水稻是我国使用化学农药最多的农作物，农药用量占全国农药总销售量的65%[1]。由于水稻生长离不开水，农药通过水的传带，对水系的污染比其他作物更为严重，水生生物浓缩农药现象十分明显，残留在水系中的各类农药通过水生生物食物链可浓缩到几百万倍。国内外不同地区人体农药残留情况调查资料表明，以米食为主的国家与地区，人体中农药残留量较高，这无疑是对人体健康与长寿的一大潜在威胁（徐敬友，1993）。

尽管农药施用存在诸多负的外部性，但由于农药施用"路径依赖"的特点，为了对病虫害达到较好的控制效果，农药的使用量呈现不断上升趋势。我国是农业大国，同时也是农业生产和需求大国，目前是世界上农药使用量最多的国家。从国家统计数据来看，近年来，我国农药使用量总体呈现出明显上升的态势，农药使用的绝对数量增幅较大。1990年，我国农药使用量为73.3万吨，2014年达到历史最高点180.69万吨，之后略有下滑，2015年为178.3万吨，2016年为174万吨，2017年为165.5万吨（见图1-1）。农药使用量28年间增长了125.8%，年均增长率高达4.5%。平均每公顷施用农药约14公斤，单位使用量比发达国家高出一倍，而农药的有效利用率仅为30%，比发达国家低20个百分点[2]。另外，据陈锡文（2015）的研究发现，现在我国每年使用的农药大约在

---

① 韦永保：《水稻农药市场——变化与机遇》，载《农药市场信息》2022年第22期，第6-9页。
② 《土地用的复合肥化肥农药对水源的污染有哪些?》，药材网，2020年8月8日。

170 万吨，而真正能够使作物发挥作用的比重不到30%，另外70%在喷洒过程中都喷到了地上或者飞到了空中。农田喷粉剂时，仅有10%的农药附在了植物体上；喷施液剂时，仅有20%附在了植物体上，其余部分有40%~60%降落于地面，有5%~30%飘浮于空气中①。落于地面上的化学农药又会随降雨形成的地表径流而流入水域，或经过土壤下水域或下渗进入土壤。这样化学农药就扩展到大气、水体及土壤中，从而造成农业环境污染（张丽，2001）。

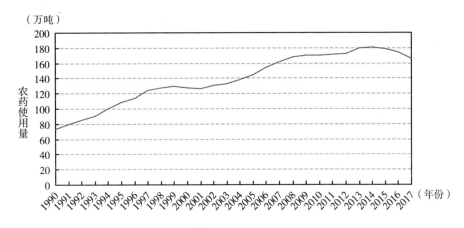

图1-1　1990~2017年中国农药使用量
资料来源：中国农村统计年鉴（1991~2018年）。

与此同时，随着工业化、城镇化的发展，大量农民转向非农产业，土地流转速度逐步加快，种粮大户不断增加，传统的高投入、高污染、低效率的农业生产模式已经不能满足我国农业的发展要求，亟须向低投入、低污染、高效率的环境友好型现代农业生产方式转变。为此，农业部2008年下发了《关于推进农作物病虫害专业化防治的意见》。2008年和2010年的中央一号文件②以及《国民经济和社会发展第十二个五年规

---

① 张丽：《化学农药对农业环境的污染与防治》，载《南京农专学报》2001年第4期。
② 《中共中央　国务院关于切实加强农业基础建设进一步促进农业发展农民增收的若干意见》和《中共中央　国务院关于加大统筹城乡发展力度　进一步夯实农业农村发展基础的若干意见》。

划纲要》均对专业化统防统治提出了明确要求（危朝安，2011）。2011年农业部印发《农作物病虫害专业化统防统治管理办法》，要求全国各地依照此办法，强化各项扶持措施，加强管理服务，切实推进专业化统防统治持续健康发展。为加快转变农业发展方式，实现到2020年农药使用量零增长，农业部2015年印发了《2015年农作物病虫专业化统防统治与绿色防控融合推进试点方案》，在全国创建218个示范基地，组织开展农作物病虫专业化统防统治与绿色防控融合推进试点。农业农村部种植业管理司指出，2019年植保植检工作要点是充分利用病虫害防治资金，积极推行政府购买服务方式，大力扶持发展规范化的病虫专业防治组织。2016～2019年中央一号文件均对加快发展农业生产性服务、扶持培育统防统治等经营性服务组织、推进农业生产全程社会化服务提出了明确要求。水稻是我国主要农作物之一，播种面积占全国粮食作物的1/4[①]，产量则占一半以上，开展水稻专业化统防统治具有重要示范作用。南方稻作区作为我国重要的稻作区域，其水稻播种面积占全国水稻的93.6%[②]。因此，研究南方稻作区农户专业化统防统治决策行为具有重要的理论和现实意义。

在此背景下，本书以南方稻作区水稻种植农户为研究对象，实证分析南方稻作区农户专业化统防统治采纳意愿及其影响因素、采纳行为及其影响因素，并从经济学角度比较采纳意愿与采纳行为的差异性，得出影响采纳意愿与采纳行为差异性的影响因素，以期对政府提出促进农户采纳专业化统防统治的相关政策建议。

---

① 汪宏博：《基于特殊光传输介质的稻田信息无损传输研究》，湖南农业大学，2018年。
② 张亦贤：《推动打造我国南方粮食主产区稻谷优势产业链研究》，载《中国粮食经济》2020年第4期，第15－16页。

本书的研究目的和意义

1.2.1　本书的研究目的

本书基于农户行为理论、计划行为理论、可持续发展理论、外部性理论等已有研究成果，结合鄱阳湖生态经济区水稻种植农户的实地调研数据，运用定性分析和定量分析相结合的方法，分析农户专业化统防统治采纳意愿及其影响因素、采纳行为及其影响因素，最后分析采纳意愿与采纳行为的差异性及其影响因素，提出促进南方稻作区农户采纳专业化统防统治的政策建议。具体而言，本书的研究已达到如下目标。

（1）运用计量模型分析农户专业化统防统治采纳意愿的影响因素以及各影响因素的影响方向和影响程度。

（2）运用计量模型分析农户专业化统防统治采纳行为的影响因素以及各影响因素的影响方向和影响程度。

（3）通过计量模型比较农户专业化统防统治采纳意愿与采纳行为的差异性及其影响因素，并提出促进农户采纳专业化统防统治的政策建议。

1.2.2　本书的研究意义

中国水稻产量在快速增长的同时，农业生态环境也遭遇到了严重的污染和破坏。在实施乡村振兴战略的号召下，研究南方水稻主产区农户专业化统防统治采纳意愿与采纳行为，并分析采纳意愿与采纳行为差异性的影响因素，对于政府制定切实有效的激励政策，促进农民采纳专业化统防统治，加快农业生产方式从传统向现代的转变，实现农业经济发展和生态环境保护的双重目标，具有重大的理论意义和现实意义。

1.2.2.1 理论意义

结合相关理论和现有研究成果，定量分析南方稻作区农户专业化统防统治采纳意愿和采纳行为，并分析采纳意愿与采纳行为的差异性及其影响因素，为相关政策的制定提供理论依据。同时可以进一步丰富农户行为理论、计划行为理论。

1.2.2.2 现实意义

本书基于微观农户视角，剖析农户专业化统防统治采纳意愿、采纳行为及其差异性。研究有助于进一步明确水稻种植户专业化统防统治采纳意愿和采纳行为的主要影响因素，对比专业化统防统治采纳意愿和采纳行为的差异性并探寻导致差异性的影响因素，从而有利于专业化统防统治的推广，使先进的科学技术能转化为直接的、现实的生产力，也有利于政府科学合理制定相关政策，引导农户合理有效地进行农业生产，从而保障粮食质量安全。

1.3 本书的研究思路和研究方法

1.3.1 本书的研究思路

本书通过入户调查获取研究所需资料，采用定性与定量相结合的方法，研究稻农专业化统防统治决策行为的影响机理及政策建议。第一，根据农户行为理论、计划行为理论及可持续发展理论与相关研究文献，构建稻农专业化统防统治决策行为机理与理论框架；第二，通过调研数据，分析调研区域水稻种植及病虫害发生和防治情况；第三，运用实证模型，实证分析稻农专业化统防统治采纳意愿及其影响因素、采纳行为及其影响因素，以及采纳意愿与采纳行为差异性的影响因素；第四，在上述研究基础上，有针对性地提出促进南方稻作区农户专业化统防统治采纳的相关政策建议。本书遵从"提出问题→分析问题→解决问题"的研究思路，具体如图1－2所示。

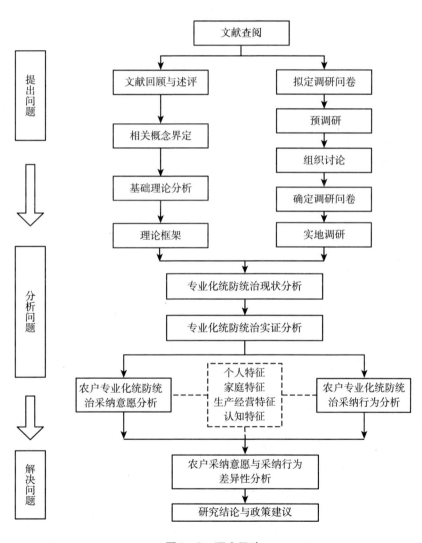

图1－2　研究思路

1.3.2　本书的研究方法

为实现研究目标，完成研究内容，解决研究中的关键问题，本书拟采用定性与定量、理论与实证、计量模型与统计分析相结合的方法，主要包括统计描述分析。具体方法如下。

（1）文献分析法。为了比较全面地了解与本书有关的国内外研究成果，本书通过 CNKI、Google Scholar、Science Direct、Wikipedia、Web of Science、Springer、万方数据库、江西财经大学数字图书馆、其他网络资源（百度百科、维基百科、谷歌、MBA 智库等）等多种渠道，查找、阅读和梳理了国内外有关专业化统防统治的相关文献和著作，了解该领域研究的现状与不足，确定本书的切入点；同时，通过吸收和借鉴较成熟的研究成果后，进行了一定程度的创新结合，从而为本书变量选择、问卷设计和模型构建奠定重要的理论依据。

（2）实地调研法。为了掌握鄱阳湖生态经济区水稻种植户农药施用情况、专业化统防统治采纳意愿与采纳行为的一手资料，首先对乡（镇）、村干部、农业社会化服务组织和农户进行初步访谈，确立研究的基本内容。其次根据研究问题，借鉴已有文献和研究成果，设计调查问卷，并通过预调研不断完善问卷。问卷的内容主要包括：水稻种植户户主个人特征、家庭特征、生产经营特征、认知特征。最后通过随机抽样法在鄱阳湖生态经济区 20 个县（市、区）的 40 个自然村选取一定的水稻种植户进行实地问卷调研，获得本书所需的第一手数据资料。

（3）宏观和微观相结合的方法。保障国家粮食安全，改善农村生态环境是宏观问题；鄱阳湖生态经济区是江西省传统农区，粮食生产在全省乃至全国粮食生产中占有重要地位（张利国，2018），对鄱阳湖生态经济区水稻种植户专业化统防统治的采纳研究，属于微观问题范畴。本书在研究过程中，将宏观和微观有机结合，寻找实现目标的有效方法和路径。

（4）计量分析法。本书在问卷调研的基础上，通过对数据进行整理，综合运用了描述性统计分析、二元 Logistic 模型等多种计量经济学模型进行实证分析。具体包括：运用描述性统计分析方法对各解释变量进行基本统计特征的描述；运用二元 Logistic 模型分析农户专业化统防统治采纳意愿的影响因素、采纳行为的影响因素，以及采纳意愿与采纳行为差异性的影响因素。

1.3.3　本书的研究内容

本书基于鄱阳湖生态经济区水稻种植户的实地调研数据，综合运用多种实证分析方法，通过分析农户专业化统防统治采纳意愿与采纳行为的影响因素，比较了采纳意愿与采纳行为的差异性，据此提出促进南方稻作区农户专业化统防统治采纳的相关政策建议。具体研究内容如下。

第 1 章为导言。本章在宏观背景下提出拟要研究的具体问题，包括：研究背景、研究意义、研究内容，明确本书的研究思路与研究方法，介绍本书的研究内容与章节安排，同时总结本研究的创新之处。

第 2 章为理论基础与文献综述。首先，介绍本书所涉及的概念和理论基础，包括农户、专业化统防统治、农户采纳意愿、农户采纳行为、意愿与行为偏差，以及农户行为理论、计划行为理论、可持续发展理论、外部性理论；其次，结合国内外相关研究进行简要回顾，包括农户施药行为的研究、农户 IPM 等农业新技术采纳研究、农户采纳专业化统防统治相关研究；最后，通过对现有研究的述评，提出本书需重点解决的问题。

第 3 章为农户专业化统防统治决策行为机理与理论框架。包括农业社会化领域中专业化统防统治的两人关键特征、行为机理（农户专业化统防统治的决策行为逻辑）、理论框架（农户专业化统防统治的决策行为理论）。

第4章为调研设计与数据来源。包括介绍问卷的调研内容、调研地点的选择、调研方法，以及调研区域的地理位置、自然条件、社会经济条件、农业发展概况。

第5章为鄱阳湖生态经济区水稻种植及病虫害发生和防治情况。本章包括鄱阳湖生态经济区的水稻种植情况、水稻病虫害发生和防治情况，以及专业化统防统治的发展背景、现状和存在的问题。

第6章为农户专业化统防统治采纳意愿分析。本章首先提出影响农户专业化统防统治采纳意愿的研究假说，影响因素包括户主个人特征、家庭特征、生产经营特征、认知特征这四个方面，其次将专业化统防统治采纳意愿设为被解释变量，将专业化统防统治采纳意愿的各影响因素设为解释变量，运用二元 Logistic 回归模型，实证分析农户专业化统防统治采纳意愿的影响因素并进行解释说明。

第7章为农户专业化统防统治采纳行为分析。本章首先提出影响农户专业化统防统治采纳行为的研究假说，影响因素包括户主个人特征、家庭特征、生产经营特征、认知特征这四个方面，其次将专业化统防统治采纳行为设为被解释变量，将专业化统防统治采纳行为的影响因素设为解释变量，运用二元 Logistic 回归模型，实证分析农户专业化统防统治采纳行为的影响因素并进行解释说明。

第8章为农户专业化统防统治采纳意愿与采纳行为的差异性分析。本章利用二元 Logistic 模型对专业化统防统治采纳意愿与采纳行为进行差异性分析，探究影响专业化统防统治采纳意愿与采纳行为差异性的相关因素并进行解释说明。

第9章为研究结论与政策建议。本章就前面的研究结论进行归纳总结，在此基础上，对相关研究结果进行分析与讨论，针对性地提出有利于南方稻作区水稻生产专业化统防统治推广的政策建议，并指出本书存在的不足与展望。

本书的创新之处

1.4.1　研究内容上的拓展

本书对鄱阳湖生态经济区水稻种植农户专业化统防统治采纳进行了系统分析，首先分析了采纳意愿及其影响因素，其次分析了采纳行为及其影响因素，最后对专业化统防统治采纳意愿和采纳行为的差异性进行了深入分析。较以往单一研究专业化统防统治采纳意愿或采纳行为等内容更为全面。

1.4.2　研究视角上的创新

现有专业化统防统治的研究大部分是基于市级、省级以及国家层面，鲜有针对湖泊流域尺度专业化统防统治的研究，而本书以鄱阳湖生态经济区为例分析了鄱阳湖流域农户专业化统防统治采纳意愿与采纳行为，进一步拓展了研究视角。

第 **2** 章

理论基础与文献综述

2.1　相关概念界定

2.2　理论基础

2.3　文献综述

2.1　相关概念界定

2.1.1　农户

农户是当今社会仍存在的最古老、最基本的生产经济组织（卜范达、韩喜平，2003），不同学者对农户给出了不同的定义。韩明漠（2001）将农民家庭等同于农户，指出农户是以婚姻关系为基础，具有血缘关系的农村家庭。史清华（1999）认为农户是居于农村地区，以家庭为单位进行农业生产的一种经济组织。陈华山（1996）将农户等同于家庭农场，然而相对于家庭农场，农户生产规模较小、市场化较低、专业化较弱、经营相对封闭、倾向于自给自足。李延敏（2005）从家庭的政治地位或身份的角度，定义农户是不享受国家福利待遇的、政治地位相对底层的家庭。

随着农村经济的发展及农业生产经营方式的改变，农户也具有了多种分类，为了能够更好地对农户进行了解，张晓山（2008）按照经营内容将农户划分为专业化种植户、养殖户、农机户和营销户等类型。黄丹丹（2018）按照兼业化程度将农户分为：纯农户、农兼户、兼农户、非农户。纯农户一般指单纯以农业种植为主的农户，全部收入通过农业种植获得。而农兼户是以农业为主，其他经营为辅，一般是在农闲时外出打工等，经营收入主要以农业种植为主。兼农户则与农兼户相反，是指以打工、家庭经营为主，农业种植为辅，收入也以经营收入为主，这是当前农村社会比较普遍的现象。非农户是指单纯以经营收入为主，把农村土地租赁出去，不再进行农业种植。一般地，农户的兼业化程度不同，会对农户水稻种植决策产生一定的影响。因此，本书在后续章节进行实证分析时，综合考虑了农户的兼业化程度对水稻专业化统防统治决策行为的影响。

根据以上对农户的定义、分类、特征的阐述，本书对研究主体农户进行如下定义：具有农村户籍并享有农村土地承包经营权的农民家庭，在家庭自有土地或租赁土地上进行农业生产的农户。农户对其水稻的生产、销售、存储等具有最终决策权。但由于这些农户在个人特征、家庭特征、生产经营特征及认知特征上的差异，导致他们在水稻生产决策上也各不相同。

2.1.2　专业化统防统治

专业化统防统治是指在遵循"预防为主，综合防治"的植保方针和"公共植保、绿色植保"的植保理念，在农业植保部门的技术指导下，由具备相应植物保护专业技术和设备的合法专业化服务组织，按照现代农业发展要求，通过开展社会化、规模化、集约化服务，协调运用多种防治方法，实行农药统购、统供、统配和统施，规范田间作业行为，达到统一预防和治理农作物病虫害目的的全程承包服务行为。与其他传统农业生产防治方法相比，该方法具有减少农药、化肥等化学试剂的使用量，对农业生态环境的破坏程度小，有利于农作物生产安全、农产品质量安全、生态环境安全以及农业的可持续发展。

所谓"专"，就是培育有植保专业技能的社会化服务组织，通过技术集成创新和科学防控，不断提高病虫害防治的效果。所谓"统"，就是要通过机制创新和管理创新，实现一家一户分散防治向规模化的统一防治转变，不断提高病虫害防治的效率。所谓"防"与"治"，就是要通过方式方法的创新和规范服务，不断提高病虫害防治的效益（危朝安，2011）。专业化防治有三个显著标志：一是重大病虫的防控能力要有明显提升，切实减轻灾害损失；二是病虫害防控水平要有明显提升，切实提高防治效果、效益和效率；三是绿色防控技术的普及率要有明显提升，切实降低农药的使用量（王瑜，2011）。

专业化统防统治具有以下五个方面的特征：（1）市场性。植保专业化服务组织要按照《中华人民共和国农民专业合作社法》经工商部门登记注册，有法人地位，服务过程需与被服务对象签订相应的服务协议，明确各自责任，同时，服务组织应承担所服务范畴内因行为不当而引起的相应法律责任。（2）技术性。专业化统防统治工作人员必须要经过植保部门专门的技术培训，以掌握基本的病虫识别能力、药械的使用和维修技能、农药的安全使用技术、防治效果的判断能力。（3）有效性。就水稻病虫防控的效果而言，对主要单一病虫的防治效率须达到90%以上，当季病虫危害损失率控制在3%以内，若遇病虫大发生年份，病虫危害损失率允许控制在5%以内。（4）统一性。统防统治采取的是统一技术、统一时间、统一要求的集体行为。因此，专业化统防统治服务组织必须要考虑作物的统一布局、品种统一、集中连片、统一管理，既可以利用悬挂诱虫灯、昆虫性信息素等物理防治措施，又有利于大型施药器械的使用，提高专业化统防统治的效率，防止周边田块对防治效果的影响，确保统防统治的效果。（5）高危性。病虫发生程度和专业化统防统治服务组织施药人员的意外事故是制约专业化统防统治发展的两大风险因素（沈沛霖，2017）。因此，必须增强安全防范意识，并建立相应的保险制度。

2.1.3 采纳意愿

"采纳"，采取并接纳之意，尤其是指经过选择或认同而采取并且接纳；"意愿"，即希望、愿望，是主观的倾向和想法（刘晓婧，2012），通常指个人对事物所产生的看法或想法，并因此而产生的个人主观性思维。本书的农户采纳意愿是指农户专业化统防统治的采纳意愿，是农户对于专业化统防统治心里所产生的潜在心理期望和看法，是农户基于自身对专业化统防统治的认知、对采纳成本和采纳收益的权衡比较等方面综合考虑后所表现出来的主观能动性，是农户主体意识的体现。农户专业化统防统治采纳意愿是农户专业化统防统治采纳行为实际发生的前提和基础，直接影响农户专业化统防统治采纳行为发生的可能性。

2.1.4　采纳行为

农户采纳行为是指农户以效用最大化为目标，在各种不确定性条件和自身资源限制约束下，将某一农业新知识、新技术、新生产方式等应用于农业生产经营活动中的选择和决策过程。农户专业化统防统治采纳行为离不开专业化统防统治采纳意愿的推动，所以提高农户专业化统防统治的采纳意愿是促使农户专业化统防统治采纳行为发生的重要前提。

2.1.5　意愿与行为偏差

意愿是指个人对事物所产生的看法或想法，行为是指个人实际行动，是心理活动的外显形式。一个人可以在某一刻有多个想法或念头，但是他表现出来的行为只能有一种（刘晓婧，2012）。从心理学观点看，个体从意愿到行为有一个根据外界条件不断加工调整直至采取行为的过程（张金鑫，2016）。按这种理解，个体一旦感知到外部条件，首先在主观上会表现出采纳或不采纳意愿，其次在条件成熟的情况下个体作出选择，也就是做出采纳或不采纳行为。

影响个人意愿与行为的因素主要有以下两个方面：外在因素和内在因素。外在因素主要是指客观存在的社会和自然环境，内在因素主要是指人的认识、愿望等心理活动，其中对人类行为起直接支配作用的是人的需要和动机，即人的意愿决定其行为。但是，在实际生活中，人的行为常常会因时、因地、因所处环境的变化而与意愿不一致（齐萌萌，2018）。具体到水稻的生产中，表现为农户是否愿意采纳专业化统防统治与农户在实际水稻种植活动中是否采纳了专业化统防统治的差异。对某种新兴技术或新鲜事物的实际操作行为是一种行为的倾向性。根据理性选择和效用理论，农户作为"理性经济人"，从自身利益最大化出发进行专业化统防统治的行为决策活动。然而，其决策活动可能会受到内外部诸多因素的影响，从而出现采纳意愿与采纳行为不一致的情况，即为意愿与行为偏差。

2.2 理论基础

2.2.1 农户行为理论

农户行为被诸多学者研究，理论成果非常丰富。比较有代表性的农户行为理论主要有三种：苏联经济学家恰亚诺夫（A. V. Chayanov）的组织与生产学派、美国农业经济学家舒尔茨（Schultz）的理性小农学派、以黄宗智为代表的历史学派。

恰亚诺夫（A. V. Chayanov）在其《农民经济组织》代表作中提出，农户从事农业生产活动是为了追求家庭整体消费需求和劳动辛苦程度之间的平衡，生产主体主要是自身或家庭其他成员而不雇佣劳动力。如果家庭消费需求还没得到满足，哪怕边际收益低于边际成本，农户也会继续投入生产资料和劳动力；相反，只要家庭消费需求得到满足，哪怕利润没有达到最大化，农户也不会追加投入去扩大生产规模。农户的生产目的是家庭效用的最大化或生产风险的最小化，而不是利润的最大化。

舒尔茨（1964）在《改造传统农业》中指出，农户哪怕是小农都是最大限度追求经济利润的理性经济人，并提出了"贫穷但有效率"的假说，即传统农业社会中，农户和资本主义企业一样，能够积极应对产品价格的变动，对市场各要素的变动做出灵敏分析，生产要素的配置也符合帕累托最优原则，实现成本最小化、利润最大化的投资，从而否定了"贫穷社会中部分农业劳动力的边际生产效率为零"的论断，因此他认为，传统农业社会中基本不会出现要素资源配置效率低下的现象。舒尔茨认为农户是积极的、进步的，导致传统农业发展缓慢的原因是传统农业本身的特质，即传统农业的边际投入所带来的边际收益递减，而不是市场竞争不自由、小农不上进。波普金（1979）在他的《理性的小农》一书中，进一步拓展了舒尔茨理论，认为小农是完全理性的，会反复权衡风险与长短期利润，为追求收益最大化而做出合理生产抉择的理性经济人，即"理性小农"。贝歇尔（Becher，1965）把农户的家庭劳动力进行市场估价，按照利润最大化、成本最小化原则进行生产决策，以家庭效用最大化原则制定消费计划，最终实现家庭效用最大化目标。

黄宗智（1986）在他的《华北的小农经济与社会变迁》一书中，提出"过密化"理论来解释农户的生产行为。他认为：一方面，由于农业耕地面积有限，导致家庭劳动力出现过剩现象；另一方面，市场经济发育不完善引发的非农就业机会缺乏，使得劳动的机会成本为零，从而导致农业剩余劳动力只能依附于小农经济，不能成为真正意义上的"雇佣劳动者"。因此，在耕地不足和市场不完善的双重制约下，即使边际报酬很低，农户仍有可能不断地投入劳动。

根据以上农户行为理论可知，农户作为理性经济人，在进行农业生产活动时总是以追求自身利益最大化为目标。因此，农户对某一农业技术或农业生产方式的选择，是在一定的约束条件下，权衡成本与收益后进行的最优选择。

2.2.2　计划行为理论

计划行为理论（theory of planned behavior，TPB）是艾克·阿吉森（Icek Ajzen）于1991年提出来的，他在理性行为理论（theory of reasoned action，TRA）的基础上引入了"知觉行为控制这个影响因素"。他认为人是理性的，在采纳某一行为前一定会综合考虑自己的资源约束、权衡成本和收益。行为意向是人们对自己是否采取某一行为的主观判断，主要受行为态度、主观规范、知觉行为控制三个变量的影响。行为态度指的是个体对某一行为所持有的肯定或否定、正面或负面的评价态度；主观规范指的是个体对采纳某一行为感受到的来自社会上的压力，如某一机构、组织或他人行为对个体行为决策的影响；知觉行为控制是指个体感知到的对达成某一行为的容易与困难程度，反映个体对影响行为因素的知觉，当个体认知到掌握的资源与机会越多、预期阻碍越少时，则其知觉行为控制就越强，行为实现可能性也越大。一般地，当个体行为态度越乐观、主观规范越积极、知觉行为控制越强烈时，行为意向就会越强烈，最终导致行为发生。然而，现实生活中行为不仅受行为意向的影响，还受执行行为的个人能力、机会及资源等实际控制条件的制约，如果个体感觉到在采纳某一行为过程中不可控的因素越来越多，造成采纳难度超过自身的控制范围，则其行为将不会对意愿做出有效响应，即意愿和行为间将出现偏离（齐萌萌，2018）。具体的计划行为理论结构图如图2-1所示。

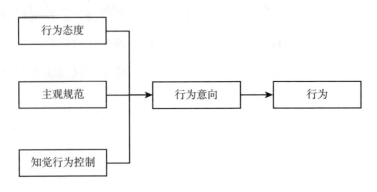

图 2 - 1　计划行为理论结构图

计划行为理论除了能解释人们采纳某一行为的原因，还能说明导致人们行为意向和行为发生偏离的原因。本书将在该理论的基础上，构建农户专业化统防统治决策行为的理论框架，最终对比分析采纳意愿与采纳行为的差异性及其影响因素。

2.2.3　可持续发展理论

1972 年，以梅多斯（Meadows D. L.）为首的一个 17 人专家小组向罗马俱乐部提交了关于人类困境的第一份题为《增长的极限》的报告，指出了影响经济增长的主要因素有人口增长、粮食供应、资本投资、环境污染和资源消耗，他们相互制约、相互作用（谭崇台，2001）。这意味着人们对传统经济增长方式的质疑，成了可持续发展的思想萌芽。同年，联合国在瑞典首都斯德哥尔摩举行的人类环境与发展会议所形成的文件指出，环境与发展之间存在密切联系。在 1980 年世界自然保护联盟（IUCN）、联合国环境署、世界自然基金会联合发表的《世界自然保护战略》中首次提到"可持续发展"的概念，提出"可持续发展强调人类利用生物资源的管理，使生物圈技能满足当代人的最大持续利益，幽静保护其后代人需求和欲望的潜力"①。1987 年，以布伦特兰（Brundland G.
H.）夫人为首的世界环境与发展委员会发表了《我们共同的未来》一
文，正式提出了可持续发展的模式。他们把可持续发展定义为"既满足
当代人的需要，又不对后代人满足其需要的能力构成危害的发展"②。
1991 年，世界自然保护同盟（INCN）、联合国环境规划署（UNEP）和世
界野生生物基金会（WWF）共同发表了题为《保护地球》的报告，将可
持续发展定义为"在不超出支持它的生态系统的承载能力的情况下，改
善人类生活质量"③。世界银行在《1992 年世界发展报告》中，认为可持
续发展是"把发展与环境政策建立在成本与效益相比较的基础之上，建
立在审慎的宏观经济分析之上，将能加强环境保护工作，并能导致福利
水平的提高和持续性"④。随着可持续发展理念传入中国，中国政府编制
了《中国 21 世纪人口、资源、环境与发展白皮书》，首次把可持续发展
战略纳入我国经济和社会发展的长远规划中（程红伟，2016）。综上可
知，可持续发展是既满足当代人利益又不损害后代人利益，既重视当前
发展，又不轻视未来发展，使经济、社会、人口、资源、环境协调发展
的发展模式。因此，开展病虫害专业化统防统治是推广普及新技术、实
现农业可持续发展的客观需要。

2.2.4 外部性理论

在外部性理论的发展过程中，有 3 个具有里程碑意义的代表人物：
英国著名经济学家阿尔弗雷德·马歇尔、庇古和科斯。

① IUCN, UNEP, WWF. World Conservation Strategy: Living Resource Conservation for Sustainable Development. International Union for Conservation of Nature and Natural Resources, Gland, 1980.
② World Commission on Environment & Development. Our Common Future, Oxford, 1987: 43.
③ 世界自然保护同盟（IUCN）、联合国环境规划署（UNEP）、世界野生生物基金会（WWF）：《保护地球——可持续生存战略》，中国环境科学出版社 1992 年版。
④ 世界银行：《1992 年世界发展报告：发展与环境》，中国财政经济出版社 1992 年版。

(1) 马歇尔的"外部经济"理论。马歇尔于 1890 年在他的代表作《经济学原理》中首次提出"外部经济"的概念，认为除了土地、劳动、资本外，还有第四种要素"组织"会影响生产、增加产量。他指出"对于生产规模扩大而发生的经济分为两类：一类是依赖于产业的普遍发展；另一类是来源于企业自身的资源、组织和管理效率的经济。前者称为'外部经济'，后者称为'内部经济'"①。外部经济指的是由于企业外部各种因素所导致的生产费用的减少，这些因素包括企业离产品销售市场的远近、市场容量的大小、交通运输的便利、其他相关企业的水平等；内部经济指的是由于企业内部的各种要素所导致的生产费用的减少，这些要素包括劳动者工作热情、工作技能的提高，内部分工的完善、管理水平的提高，先进设备的采用等（周宝炉，2018）。

(2) 庇古的"庇古税"理论。庇古亦称"福利经济学之父"，他在马歇尔的基础上进一步丰富和发展了外部性理论。他在 1920 年出版的代表作《福利经济学》中对从福利经济学视角系统地分析了外部性问题，提出了"外部不经济"的概念。对于外部性的阐述，庇古从边际私人净产值与边际社会净产值的悖离进行分析。他把生产者对社会有利的某种影响叫作"边际社会收益"；把生产者对社会带来不利影响的某种活动叫作"边际社会成本"（陈玫，2009）。如果生产要素在生产中的每一种边际私人净产值与边际社会净产值相等，那么它在各生产用途的边际社会净产值都相等，而当产品价格等于边际成本时，就意味着资源配置达到最佳状态，也就是帕累托最优。但庇古认为，如果在边际私人净产值之外，其他人还得到利益，那么边际社会净产值就大于边际私人净产值；反之，如果其他人受到损失，那么边际社会净产值就小于边际私人净产值（沈满洪、何灵巧，2002）。不管是外部经济或是外部不经济，都说明资源没有得到有效配置，即没有实现帕累托最优配置。对此，庇古提出，

———————

① 马歇尔：《经济学原理》，商务印书馆 1890 年版。

当存在负的外部经济效应时，由政府采取适当税收等经济政策进行调节，实现外部效应内部化（后人称之为"庇古税"）；当存在正的外部经济效应时，可以给予企业奖励和津贴。

（3）科斯的"科斯定理"。科斯在《社会成本问题》中对庇古税进行了批判性发展，提出了外部效应内部化的新方法。他认为外部性问题具有相互性，而不是一方影响另一方的单向问题（何学松，2018），如果能把外部性当作一种产权进行界定，明确主体自身的责任和受害者的权益，责任和权益清楚了，所造成的损害效应便可以得以有效解决。当交易费用为零时，交易双方可通过自愿协商的方式达到资源配置的最优化效果；当交易费用不为零时，也没有必要征收庇古税，可在制度安排与选择的基础上，比较各种政策手段的成本和收益（周宝炉，2018），利用市场交易的形式解决外部性问题（侯国庆，2017）。

上述理论虽然有一定的局限性，但是他们都为我们提供了外部效应内部化的思想。外部性理论发展至今，不同经济学家也给出了不同的定义，经济学文献大多沿用了萨缪尔森的定义。美国经济学家萨缪尔森将外部性定义为这样的情形："在生产和消费过程中，一个人给他人带来非自愿的成本或收益，即成本或收益被强加于他人身上，而这种成本或收益并未由引发成本或获得收益的人加以偿付"[①]。沈满洪（2002）认为可以将外部性分为两类：一类是从外部性生成主体的角度来定义；另一类是从外部性承受主体的角度来定义。布坎南（Buchanan，1962）和斯图布尔宾（Stubblebine，1962）给出了外部性的形式化定义，即外部性就是经济主体的福利函数受到其他经济主体某个经济活动的影响（布坎南和斯图布尔宾，1962）。

农户在农业生产过程中，当采纳某一行为获得的社会收益大于农户个人收益时，该行为就会带给社会和其他经济主体有利的影响；当农户过量使用高毒、高残留农药时，农户个人收益就会大于社会收益，就会

[①] 萨缪尔森、诺德豪斯：《经济学》，华夏出版社1999年版。

给社会和其他主体带来不利影响，此时边际社会成本（MSC）高于边际私人成本（MPC），其中的差额即为过量施用农药给社会带来的损害（肖阳，2018）。从图 2-2 可以看出，在利润最大化条件下，农户农药施用均衡水平为 Q_1，高于社会要求达到的有效水平 Q^*，多施用的农药量（$Q_1 - Q^*$）如果进入自然环境就会破坏农业生态平衡，给环境带来危害，这一现象称作负外部性或成本外溢量，这部分农药如果采用先进技术或替代等方式消化掉，就会减少施用农药给环境带来的负外部性，解决施用农药的负外部性一般可以通过以下几种途径：（1）对农户宣传过量施用农药的负面影响，加强农户科学、安全施药观念；（2）加大对水稻专业化统防统治的宣传和推广。专业化统防统治不仅能有效防治病虫害的发生，而且有利于保障粮食质量安全、保护农业环境、平衡农业生态系统，具有明显的环境正外部性。从技术采纳效果来看，专业化统防统治采纳带来的积极影响是可持续的，既涉及当代人的利益又涉及后代人的利益，保障了粮食质量安全和消费者的身体健康（白月影，2018）。当前农户专业化统防统治的采纳率和采纳程度均不高，说明农户采纳专业化统防统治的边际社会成本小于边际私人成本，因此，有必要分析其中原因并探讨出相应的解决对策。

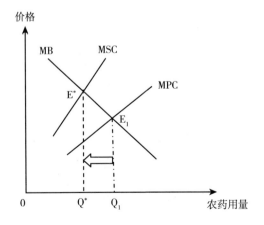

图 2-2　农户施用农药的外部性

2.3 文献综述

2.3.1 农户农药施用状况的研究

水稻作为我国产量最高的粮食作物，总产量排全球第一。为了实现粮食作物尤其是水稻的高产、稳产，农药是必不可少的农业生产资料（崔凯，2017）。然而，凡事都有两面性，农药的大量和不合理使用，也为农户带来了巨大的安全隐患。

1. 关于农药施用情况的研究

相对于发达国家，亚洲的发展中国家农户农药使用最为普遍（Dasgupta S. et al.，2007；FAO，2005；Sanzidur R.，2003），一些采取出口导向型农业政策的发展中国家迫使农户在农业生产中更多地使用化学农药（Tjaart，2005），且较多地区使用了高毒农药，农户农药中毒事件频繁发生（Donland，2001；Tariq，2005）。随着我国工业化、城市化进程的发展和农村劳动力的大规模转移带来的农业劳动力成本上升，化学品对劳动力的替代增多，农户不合理施用农药的情况有可能进一步加剧，而且，我国农药施用的边际生产力为负，农户农药过量施用的问题突出（Huang et al.，2002）。虽然自 2014 年以来，农用原药产量、施用量在逐年减小，但我国单位面积使用量仍高于世界平均水平（杨正伟，2019）。农民不安全农药使用行为细分为不安全农药购买、超浓度配比农药、缩短农药间隔期施用农药、不安全农药施用防护及废弃包装处理等（王永强，2012）。政府虽然发布了禁止使用的农药，但是仍然存在此类禁用农药的使用现象（阳检等，2010）；农民为了增加农作物产量而过量施用农药，甚至不加选择地使用了被禁止的农药（Rahman，2003）。一些农民在病虫害防治过程中重治轻防，见虫才打虫，见病才治病，他们习惯凭经验用药，不了解病虫害的发生规律，不能准确把握药剂使用时间和使用剂量，一旦认定某种农药药效好，就会长期使用，以至害虫抗药性提高（田红，2015），为了保证防治效果，农户通过增加用药剂量而不是更替农药品种，结果导致病虫抗药性进一步提高，进入恶性循环，同时增加了农业的生产成本，降低了农产品产量。由于缺乏农药使用常识，印度农户经常出现随意配比农药而导致农药过量施用问题（P. C. Abhilash et al.，2009；Rahaman zmuhammad Matiar et al.，2018）。还有一些农民治虫心切，总担心农药用量不够，他们在用药浓度上存在误解，为了追求更好的防治效果而盲目增大农药配置浓度，在配药时不按照说明书规定操作，随意采用量具进行配比，这样的行为不仅浪费农药且高浓度施用也使得病虫的抗药性加强（沈泽阳，2018；张秀玲，2013）。水稻农户的农药使用存在总量快速增长、单位面积用药量上升较快等特征，并且农户对农药功能和使用技术缺乏了解（马军韬，2009），缺乏农药购买及使用记录（张慧静，2016）。蔬菜种植农户的短视性特征决定了其对农药品质优劣的判断主要依赖于农药治虫效果的好坏，因此对于剧毒农药的偏好更优于无公害农药，出于性价比的考虑，普通农户更愿意购买剧毒农药（赵建欣，2008）。一般地，农业生产若施用的农药量正好是社会最优的农药量，可以大幅度降低产量风险（David J. Pannell，1991），然而农民在使用农药的过程中安全意识淡薄、对"毒性"关注度缺失，存在着未能严格按照标签对农药进行稀释等一系列不规范的使用行为；而且不规范地使用农药和缺乏相应的保护措施对农民的整体健康造成了不可忽视的负面影响（王志刚等，2012）。农民过量施用的农药已经向地表水体、地下水体中转移（刘伟、陈慧霞，2016），而且高氯农药的使用会增加城市大气中可吸入颗粒物含量（杨晓梅，2013）。农药的过量使用不仅导致农业生产成本不必要的增加，而且还引起了农药残留量超标、农产品质量下降，从而降低了我国农产品在国际市场的竞争力（朱兆良等，2005），且这些农药残留具有时间长、毒性大、不易去除的特点（巴哈娜依·吾木尔扎克，2016）。当前农药施用过程中主要存在用药不科学、农民综合防治意识不强、农药经营与施药主体分散、施药器械落后，错过害虫最佳防治期、对废弃农药包装物缺乏科学有效的管理等问题（于晓斌，2015；杨卫萍等，2015）。农户在施药过程中安全防护行为同样缺失，佩戴护具不科学，甚至有饮食、吸烟行为，以及不穿防护服、正午施药等情况存在（牟业，2015；纪文武等，2012；赵克勤，2014）。

2. 关于农药施用影响因素的研究

（1）施用者性别因素。多斯和莫里斯（Doss & Morris，2000）通过研究发现农户性别对农用化学品的施用存在一定的影响；安妮（Anne，2003）研究发现，巴西和南非农场的男性相对女性在施用农药时的保护措施要更好。相似地，苏迈拉·里兹万等（Sumaira Rizwan et al.，2005）对巴基斯坦、基绍尔（Kishor，2007）对尼泊尔进行调研，发现女性的受教育水平相对低于男性，导致其在农药施用时具有更高风险。（2）施用者年龄和文化程度因素。苏莱等（Sule et al.，2007）认为，土耳其凯末尔·帕夏（Kemalpasa）苹果种植地区农户的年龄、种植经验和受教育年限显著影响其农药的施用行为。斯蒂芬妮等（Stephanie et al.，2006）认为农户文化程度低导致农药专业知识缺乏，农户认为农药好坏的唯一标准是农药的效果，从而忽略了农药的安全性。相似地，阿比拉什等（P. C. Abhilash et al.，2009）对印度进行调研发现，低文化水平和低认知水平的农户，更倾向于过量使用相同的农药、不合理配比的混合农药等。威廉（William，2006）认为，年龄越小的农户（小于45岁）更容易发生农药中毒。周洁红和胡剑锋（2009）在对浙江省蔬菜种植户调查后发现，年龄较大、缺少教育和培训、市场渠道有限的农户更倾向于使用高毒杀虫剂和采取错误的施药行为。顾俊等（2007）通过对江苏省290个农户的调研发现，水稻新技术采用率与户主年龄呈负相关，与户主受教育年限呈正相关。徐璐等（2016）通过对北京市菜农的调研发现，农药使用量与年龄、家庭兼业人数负相关，与文化程度、是否接受培训等相关。（3）农户耕地规模和经济状况因素。达斯古普塔等（Dasgupta S. et al.，2007）认为农户的收入水平会影响其施用农药的行为。赵建欣和张忠根（2008）认为种植结构和种植规模显著影响农户农药施用行为，经营规模较大的农户节约用药成本的激励较大，农药施用强度相对较少。王华书和徐翔（2004）认为，影响农户农药使用的因素主要包括农户生产的商品化程度、生产规模播种面积、家庭人口、户主受教育程度及家庭收入等。周峰（2008）提出影响生产者农药使用行为的主要因素有：无公害蔬菜生产者的耕地面积、主要收入来源、对食品安全的担心、对违反标准生产处罚的了解程度。农民的家庭经济状况影响改变了农户对农药新技术的采纳（蒙秀锋，2004）；同时，非农收入占家庭总收入的比重显著影响农户农药施用决策（胡豹，2004）。（4）农户生产方式因素。奥尼克和迪恩（Oerke & Dehne，2003）认为，合理的耕作措施可以降低对农药的使用，不合理的耕作措施可能导致害虫发生量增加。翟庆慧等（2019）提出，更新施药器械、改进施药方法可以有效降低农药使用量。（5）农户认知、气候、政策、法律等其他因素。贾斯特等（Just et al.，2003）认为农民是基于自己的认知以及和其他农民、农药经销商、农技服务提供者等外部信息提供者的互动，来判断病虫害危害的程度、决定农药施用行为。吴林海等（2011）指出地域的差异性，以及农药施用者的性别、年龄、受教育年限、外部培训、对粮食安全性的认识，均会不同程度地影响其对农药残留的认知。库柏等（Cooper et al.，2007）研究证实了气候变化能在一定程度上影响农户农药使用的观点。例如，从中纬度到高纬度地区，气候变暖使害虫的数量增多，因而农田杀虫剂、除草剂的平均使用量相对较高（Abhilash & Singh，2009）。鲁柏祥等（2000）通过对浙江稻农的调研后发现，是否具备有效的激励结构会直接影响农户农药效率的高低。费梅尼亚等（Femenia et al.，2016）通过研究美国玉米杀虫剂的使用与农业相关税收的关系发现，通过实施和增加农药的使用税可以有效抑制农药的使用。海（Hoi，2016）研究了越南蔬菜农药市场十年的检测现状，指出对于市场发育不健全并且控制能力有限的发展中国家，解决高毒农药和限制农药使用的最好办法是实施更严格的国家法律规定。

2.3.2 农户IPM等农业新技术采纳研究

2.3.2.1 农户IPM等农业新技术采纳行为研究

病虫害综合防治技术（Intergrated Pest Management，IPM），最早由斯迪姆（Stem）等人于1959年提出。一般地，IPM是指综合考虑生产者、社会和环境利益，在投入效益分析的基础上，从农田生态系统的整体性出发，协调应用农业、生物、化学和物理等多种有效防治技术，将有害生物控制在经济危害允许的水平以下。国内外学术界对农户采纳IPM等农业技术的关注较多。阿罗拉·苏米特拉等（Arora Sumitra et al.，2019）对印度北方邦水稻种植户通过调研，对IPM和非IPM农户进行对比分析，得出对环境风险较低农药的识别方法。麦克纳马拉等（McNamara et al.，2005）提出随着中国城镇化、工业化进程的不断推进，会提高务农劳动的机会成本，改变工农业部门间要素相对价格，改变农业内部生产要素的相对价格，因此理性小农会愿意增加非农就业的劳动力投入，从而采用节约劳动力的种植模式。库茨（Coutts，1994）依据农技推广服务功能的复杂程度和农技推广人员所需技能高低的维度，从低到高把农业生产社会化服务分为技术推广服务、问题解决服务、农户培训、教育服务和提升农户技术水平服务四个等级，其中最低等级的农业技术推广服务是向农户传播农业技术，然后是协助农户克服农业生产面临的实际困难与问题。姜绍静和罗泮等（2010）提出以农民专业合作社为核心的农业科技服务体系，是实现科技资源配置的优化，建立高效科技推广机制的有效途径，能够推进农业标准化生产，保障农产品质量。廖西元等（2004）对中国水稻主产区农户的技术需求意愿排序研究后发现，新品种技术和病虫害防治技术是稻农最需要的技术，因为这些技术通常使农户获得了较高的经济效益。汉密尔顿·西德巴顿（Hamilton & Sidebottom，2011）通过对北美山区农户的调查发现，农户加入合作组织会显著减少农药的施用量。张水玲（2017）研究发现，种植结构中经济作物的农户对良种、良药技术需求迫切，而粮食作物种植农户则更多地需要病虫害防治技术。吴雪莲等（2016）运用二元 Logistic 模型对农户高效农药喷雾技术采纳意愿进行心理归因，多数农户存在较强的采纳意愿，但仍有超过 1/3 的农户持观望和否定态度，老年群体和小规模群体采纳意愿较低。

2.3.2.2　农户 IPM 等农业新技术采纳行为的影响因素研究

已有研究认为户主个人特征、家庭特征、经营特征和认知特征这 4 个方面的因素会影响农户 IPM 等农业技术的采纳行为。

（1）户主个人特征。

不同的人由于先天禀赋差异和后天成长环境的差异决定了他们对同一事物可能产生不同的看法，进而采取不同的决策行为。个人特征是影响农户技术选择的重要因素，包括户主性别、年龄、文化程度、是否为村（乡、镇）干部或党员等。

宋军等（1998）分析性别的差异导致农户户主偏好选择不同类型的农业技术，发现男性偏好选择新品种方面的技术，而女性偏好选择节约劳动力方面的技术。博纳巴纳·瓦比（Bonabana Wabbi，2002）基于乌干达的数据认为，男性在对待风险的态度上更为积极，他们更趋向于采纳农业新技术。多斯和莫里斯（Doss & Morris，2001）、唐永金等（2000）

的研究发现，女性户主用农业新技术低于男性户主。但苏岳静等（2004）在研究影响农户采纳转基因 Bt 抗虫棉技术的因素时发现，性别因素的影响并不显著。韩军辉和李艳军（2005）的研究结果表明，性别与农户新技术采用行为之间并没有必然联系。

郭亮和杨勇（2014）对四川省蔬菜种植户的研究发现，农户对 IPM 技术的熟知程度较低，但是 IPM 技术的采用意愿较强烈，户主的年龄会显著影响农户采用 IPM 技术的意愿，且自给农户因为食品安全和环境安全等的考虑而采用蔬菜 IPM 技术，满足市场需求的大规模农户更多的是考虑采用 IPM 技术能否增加收入。类似地，高瑛等（2017）对粮食作物种植者测土配方施肥技术采纳行为研究表明，年龄越大的农户其技术采纳的可能性越低。但文长存和吴敬学（2016）也指出，年龄偏大的农户可能对节约劳动力的技术有更高的采纳意愿。阿德西纳和律纳（Adesina & zinnah，1993）、唐加塔等（Thangata et al.，2003）、张东风（2008）、蒂尔特尔等（Thirtle et al.，2003）、拉赫曼（Rahman，2003）的研究表明农户户主的年龄显著负向影响农业可持续新技术的采纳行为，认为年龄越大的户主越不愿意采纳农业新技术。喻永红和张巨勇（2009）提出决策者的年龄对农户采用水稻 IPM 技术的意愿具有显著影响。但麦克莱恩·梅因斯等（Mclean Meyinsse et al.，1994）认为年龄与农户的技术行为不存在相关关系。

弗利格尔和基夫林（Fliegel & Kivlin，1966）、巴茨等（Batz et al.，1999）、阿卜杜拉扎德等（Abdollahzadeh et al.，2015）通过研究表明户主的受教育程度正向激励其采纳 IPM 技术，受教育程度越高，农户对 IPM 技术的理解和认知程度可能越高，技术采纳可能性越大。菲德尔等（Feder et al.，1985）基于人力资本和土地约束提出了新技术扩散模型，认为文化水平越高的农户采用新技术的概率越高，且时机越早。施特劳斯等（Strauss et al.，1991）、韦尔和奈特（Weir & Knight，2000）、林毅大（1994）的研究发现，受教育程度越高的农户越有可能采纳新技术。苏岳静（2004）运用3省8县的调查数据进行实证分析后认为，受教育水平越高的户主越愿意采用抗虫棉。喻永红（2009）指出决策者的受教育程度对农户采用水稻 IPM 技术的意愿具有显著影响。然而，麦克莱恩·梅因斯等（Mclean Meyinsses et al.，1994）、乔杜里和雷（Chowdhury & Ray，2010）的研究认为二者不存在相关性。

满明俊（2010）通过实际调研发现，作为村干部的农户在诸如农作物新品种、栽培管理、节水灌溉、测土配方施肥等多项新技术的采纳概率和程度上明显高于一般农户。

（2）家庭特征。

农户是否采纳某一技术，会受到务农人数、非农收入占比、种植面积、种植年限等因素的影响。

宋军等（1998）的研究发现，农户的兼业化程度会影响农户的技术选择行为，兼业化的农户往往会选择优质技术和小型技术。朱明芬和李南田（2001）的研究表明，农户的兼业水平与技术采用呈现倒"U"型关系。

哈希米（Hashemi，2011）和黄武（2010）认为非农收入占比负向影响农户 IPM 技术采纳行为。麦克纳马拉等（Mcnamara et al.，1991）、费尔南德斯·科尔内霍（Fernandez Cornejo，1996）基于花生种植农户和果农的调研数据认为，非农收入占比越高的农户，其采纳 IPM 技术的概率越低。而沃兹尼亚克（Wozniack，1993）、向国成和韩绍凤（2005）却发现非农收入占比正向影响技术采纳行为，李光明和徐秋艳（2012）基于新疆812位农户的调研数据，对干旱区农户采用先进农业技术进行了分析，结果表明家庭非农收入占比正向影响农户对先进农业技术的采纳。

布莱克等（Blake et al.，2006）发现种植规模大的农户对 IPM 技术采纳概率更高。深南等（Shennan et al.，2001）通过对加利福尼亚的蔬菜种植户和果农的调查发现，农户对病虫害管理实践的选择与种植规模之间存在相关关系。林毅夫（1994）的研究认为，基于成本收益的考虑，种植面积大的农户若不采纳新技术，将承受较大的机会成本，因此种植规模大的农户更愿意采用农业新技术。李和斯图尔特（Lee & Stewart，1993）的研究表明，新技术的运用会对农户的资源配置产生重大影响，如果新技术前期需要投入较多的固定成本，那么种植面积少的农户就会降低对该项技术的采纳意愿。黄季焜等（1991）、廖西元等（2006）、喻永红（2009）的研究表明，农户的家庭耕地面积越大，其采用农业新技术的概率越高。然而，周宁馨等（2014）分析辽宁省朝阳及沈阳两市393户农户的数据得出，耕地面积显著负面影响农户采纳病虫害综合防治（IPM）技术，且格里肖普等（Grieshop et al.，1988）、里奇利和布拉斯（Ridgeley & Brush，1992）、沃勒等（Waller et al.，1998）却发现种植规模与IPM技术采纳之间没有相关性。

莫泽尔（Moser，2008）对德国、意大利等草莓种植户的研究发现，农户种植经验是影响其采纳农业技术的主要因素。而阿德西娜和津纳（Adesina & Zinnah，1993）却提出，种植经验对IPM技术采纳行为影响不显著。

（3）经营特征。

经营特征包括邻地是否采纳该技术、对技术的了解程度、是否参加过相应的技术培训及技术推广人员联系的难易程度等因素。

凯斯（Case，1992）指出，忽视了邻居示范效应的影响将会导致在农户采纳模型中估计的参数产生偏误。华纳（Warner，1997）认为，模仿对农户的新技术采纳行为起到非常重要的作用。吕玲丽（2000）认为，农户在新技术的选择上采取"跟风"或互相模仿的策略。类似地，谈存峰等（2017）以农田循环生产技术采纳行为为例进行研究表明，单个农户的决策行为很大程度上受周围农户决策行为的影响。但高瑛等（2017）

也指出，有效性和有用性的交流信息正向影响农户新技术采纳行为，反之呈负相关。

萨米等（Samiee et al.，2009）的研究发现，小麦种植者收入、信息来源、对专业化统防统治的认同度和知识水平显著正向影响其对 IPM 技术的采纳程度。郭亮等（2014）发现 IPM 技术的获取渠道及认知水平会显著影响农户采用 IPM 技术的意愿。

耶格（Jeger，2000）讨论了亚洲的水稻和蔬菜生产的差异，评论了田间学校对蔬菜生产者采纳 IPM 技术起着推动作用。尼扬坎加等（Nyan-kanga et al.，2004）、普博姆等（Poubom et al.，2005）提出有必要对农民进行培训，帮助他们识别病虫害，从而采纳专业化统防统治行为。艾丝卡拉达和宏（Escalada & Heong，1993）认为 IPM 技术之所以推广慢是因为农户缺乏相应的知识，所以有必要通过田间学校来提供农民体验 IPM 技术的机会。葛继红等（2010）、张利国（2011）、刘梅（2011）、喻永红等（2009）都认为技术培训能激发农户采纳新技术的兴趣，从而对采纳新技术具有正向影响。曹建民等（2005）的研究发现，技术培训因能激发农民采纳新技术的意愿从而影响技术采纳行为。刘道贵（2005）通过对棉花种植户的调研，认为在农村开展和举办培训活动，能有效促进农民采纳 IPM 技术。拉哈曼·穆罕默德·马蒂亚尔（Rahaman Muhammad Matiar，2018）提出电视等媒体宣传、对稻农进行病虫害管理教育、推广人员与稻农的接触、提高稻农对 IPM 的认识，是提高稻农对农药过量使用所造成生态危害认识的关键因素。

白度·福罗森（Baidu Forosn，1999）通过对非洲尼日尔农户的研究发现，农户是否采用土壤改良技术与能否得到技术推广服务和指导呈显著相关关系，得到技术推广服务的农户对该技术的采用比率显著提高。朱希刚和赵绪福（1995）的研究发现，农户与农业技术推广员和接触的频率显著正向影响农业新技术采纳行为。张云华等（2004）、罗小娟等

（2013）认为农户与推广人员接触频率对采纳新技术有积极影响。

（4）认知特征。

加明等（Garming et al.，2007）、喻永红等（2009）发现，有过农药中毒经验的农户可能更愿意去尝试和接受 IPM 技术。王浩和刘芳（2012）通过调研广东省油茶种植业发现，相对于劳动节约型技术，农户更偏向于即时见效的高产型农业技术，且在病虫害防治技术需求方面，决策者的健康状况对其有正向影响。刘洋等（2014）提出把握农户对绿色防控的认知与态度，研究农户对病虫害绿色防控技术采纳意愿及其影响因素，进而有针对性地制定适合农户需求的绿色防控推广政策建议，对于农产品质量安全问题的有效解决、农业生态安全的建设、环境友好型农业的发展都起着至关重要的作用。毛贝和斯文顿（Maumbe & Swinton，2000）发现，农民的健康意识对 IPM 技术的采纳没有任何影响。谢里夫扎德·穆罕默德·谢里夫等（Sharifzadeh Mohammad Sharif et al.，2019）对伊朗北部 373 个水稻种植户进行调研，指出施用农药的安全行为包括施药时使用个人防护设备、遵循农药使用的正确方法、遵循农药使用后的卫生做法以及避免健康风险，而农民在施用农药的实践中并没有反映出其对这些安全行为的认知。

2.3.3　农户专业化统防统治采纳行为研究

2.3.3.1　农户专业化统防统治采纳必要性研究

大力推进病虫害专业化统防统治是符合现代农业发展方向、适应病虫害发生规律、提升植保效率水平的有效途径，也是保障农业生产安全、农产品质量安全和农业生态环境的重要措施（危朝安，2011）。塞克斯顿等（Sexton et al.，2007）提出，由专业化病虫害防治组织承接农户分散的病虫害防治工作能够有效提高要素配置水平，因为病虫害专业化统防统治能够有效约束农户滥用农药的行为。陈松林等（2003）指出，病虫害专业化统防统治可以实现植保工作，在防治决策上，由单家独户盲目决策向社区科学决策转变；在组织管理上，由行政指导型向实际操作型转变；在技术措施上，由对单虫单病的化学防治向病虫综合防治、统防统治的应用转变。曾兰生等（2009）提出病虫害专业化统防统治实现统一指挥、统一防治，对控制重大病虫害的暴发和流行起到了关键作用。拉曼（Rahman，2003）提出可以通过利用已有的农技推广体系，包括经营性服务组织，提高农户的病虫害管理水平。王志刚等（2011）提出，按照先易后难的顺序，逐步开展农业规模经营，在农业劳动力短缺的情况下，先开展农户迫切需要的农机服务，再开展类似病虫害统防统治的技术替代型服务，并最终实现由服务组织承接全部生产环节的农业规模经营。周桃棣（2009）指出，中国农作物病虫害防治的现状是农业劳动者缺乏相应科学防治的知识和技能，环保防护药剂和大中型高效药械的推广难度大，农户对专业化防治组织提供高效病虫害防治有着迫切需求。蔡书凯和李靖（2011）提出，在市场不能够解决农药负外部性问题的情况下，政府有责任强化对病虫害防治的影响和管理，改变农药使用管理体制；并依靠市场和合作组织的力量提供专业化防治服务。徐翔等（2003）发现病虫害防治环节的规模化有利于实现农产品的标准化，以及提高对农药等要素使用监督和管理水平。杨大光和曹志平（1998）发现，统防统治可节省农户病虫害防治费用，杜绝假冒劣质农药，防止人畜农药接触中毒，保护生态环境，确保农作物的高产稳产。谭政华等（2008）的研究发现，病虫害专业化统防统治，不仅防治效果好，而且显著减少了用药次数一次，降低了农药施用量和防治成本，大大减轻了农产品和环境污染。朱焕潮等（2009）的研究发现，病虫害统一防治每亩可为农户节约工本 51 元（其中农药成本节约 21 元，节约用工 30 元）；同时，由于统一防治后，病虫危害得到了有效控制，平均每亩减少粮食损失 20

公斤，按每公斤粮食 2.0 元计可挽回损失 40 元。各项累计每亩可为农民增加收入 91 元；加快了新型植保器械推广速度，并有助于从源头上解决了农产品的质量安全问题，使外出人员无后顾之忧，能安心务工、经商①。梅隆（2009）认为，农作物病虫害专业化统防统治有利于维护农业生态安全和农产品质量安全，实现了农业的可持续发展；通过减少或者不使用高毒高残留农药保障农产品品质，通过科学的配方保证农药的防治效果，通过先进器械节约农药的使用，减少对环境的污染，这些势必都有利于农业标准化生产，有利于农业生态安全和农产品质量安全，有利于资源节约型、环境友好型农业的发展。钟玲等（2019）对江西省水稻病虫害防控的调研，提出以统防统治方式，提高病虫害防控效果、效率和效益。

2.3.3.2 农户专业化统防统治采纳影响因素研究

董程成（2012）和蔡书凯（2012）采用多元 Logit，从非农就业和耕地特征视角探讨了影响农户对病虫害统防统治服务需求意愿的影响因素。张利国和吴芝花（2019）通过对鄱阳湖生态经济区水稻种植户的调研，运用 Logistic – ISM 分析了种稻户专业化统防统治采纳意愿的影响因素及各因素之间的关联关系和层次结构。卢淑芳和赵依勤（2019）通过对磐安县水稻病虫害统防统治工作的效果和存在问题的分析，提出推进统防统治的对策。

2.3.4 文献述评

综观已有文献，国内外对农户采纳农业新技术的行为及其影响因素

---

① 朱焕潮、钟阿春、汪爱娟：《余杭区植保统防统治工作的实践与思考》，载《中国稻米》2009 年第 4 期。

进行了广泛的探讨。其中国外起步较早，理论分析体系较为成熟，而国内起步较晚。总体而言，较为完备的理论框架对本书从农户视角研究水稻专业化统防统治采纳意愿与采纳行为有着重要的理论借鉴和参考价值。但综观国内外现有文献，笔者认为还存在以下问题有待深入研究。

（1）目前针对中国农户 IPM 技术采纳行为的研究还不够多，而作为基于中国农户特征的 IPM 技术有效推广方式的病虫害专业化统防统治的研究更是缺乏。

（2）现有关于专业化统防统治的研究大部分基于市级、省级或国家层面，鲜有针对湖泊流域尺度专业化统防统治的调查研究。

（3）现有研究大多是基于经验的理论分析，计量分析较少，难以为政府制定相关政策提供数据支撑。

（4）现有研究或是单一分析专业化统防统治采纳意愿，或是单一分析专业化统防统治采纳行为，尚缺乏对专业化统防统治采纳意愿与采纳行为的对比分析。

因此，本书将在借鉴吸收国内外已有研究成果的基础上，选择鄱阳湖生态经济区水稻种植户为调研对象，深入考察南方稻作区农户专业化统防统治采纳现状和存在的问题，利用调查问卷实证分析农户专业化统防统治采纳意愿及其影响因素、采纳行为及其影响因素，并进一步通过采纳意愿与采纳行为的对比分析出导致其差异的影响因素。最终提出促使农户采纳专业化统防统治的对策建议，以期为相关决策者提供理论参考和实证依据。

第 **3** 章

农户专业化统防统治决策行为机理与理论框架

3.1 农业服务社会化视域中专业化统防统治的两大关键特征

3.2 行为机理：农户专业化统防统治的决策行为逻辑

3.3 理论框架：农户专业化统防统治的决策行为理论

3.4 本章小结

农作物病虫害专业化统防统治服务是诸多农业社会化服务之一，其社会化服务体系的建立与完善是传统农业向现代农业转型的重要环节，是农业现代化进程的必然选择。摆在我们面前的首要问题是：为什么说农作物病虫害专业化统防统治服务社会化具有"必然性"？

本章拟在农业服务社会化视域中，首先简要分析农作物病虫害专业化统防统治服务的两大关键特征（社会化与专业化）；其次着重从专业化与分工理论视角，重点剖析农户采纳专业化统防统治社会化服务的决策行为机理与基本行为逻辑，以期为后续章节的相关研究厘清学理逻辑与理论脉络，并提供研究的理论框架。

3.1 农业服务社会化视域中专业化统防统治的两大关键特征

农作物病虫害防治关涉诸多因素，如防治技术、耕作模式、规模、农户参与行为等，具备多重属性。受异常气候和农业生态环境变化等因素的影响，我国农作物病虫多发、重发和频发，传统一家一户分散的病虫害防治方式，既不利于病虫灾害的有效控制，也不利于植保工作水平的全面提升。在土地规模经营、农作物集中连片耕种和绿色生态农业发展新阶段，农作物病虫害专业化统防统治是农作物病虫害防治方式、方法的一种创新，是通过培育具备一定植保专业技术条件的服务组织，采用现代装备和技术，开展社会化、规模化、集约化的农作物病虫害防治服务（危朝安，2011）。

从根本上看，农作物病虫害专业化统防统治服务主要具备两大关键特征：一是社会化特征，属于社会属性的范畴；二是专业化特征，属于技术属性的范畴。正是由于社会化特征，所以在社会层面"要统"；正是由于专业化特征，所以在技术层面"要专"。这两大关键特征决定了"大服务"（供方）和"大农户"会走到一起，因为"你正好专业，我正好需要"。问题是双方在一起的过程中，有时如其所愿，有时事与愿违，更现实的是"别无选择"或者没有更好的选择。

3.1.1　社会化特征：社会上的共存性与共生性

专业化统防统治是诸多农业社会化服务的一种，是"产前、产中、产后"农业生产性服务三大环节中的"产中"环节，是农户和现代农业发展有机衔接的纽带抑或桥梁。问题在于，农业社会化服务本身就是"大"，农户又该如何面对？在农户心目中，专业化统防统治服务的社会化之"大"特征究竟是怎样的特征？

农业服务社会化特征的重要体现是"规模化、标准化、集约化"，这是"社会化大生产"，其共同特征是"大"，与"市场中的小农户"之"小"形成了鲜明的反衬与映照。许多病虫害具有跨国界、跨区域迁飞和流行的特点，还有一些暴发性和新发生的疑难病虫危害较重，农民一家一户难以应对，常常出现"漏治一点，危害一片"的现象（危朝安，2011）。

在专业化统防统治服务过程中，"大与小的问题"同样是农业现代化进程中相伴相随的两个问题，没有"大"就无所谓"小"，没有"小"也无所谓"大"。正是基于此考虑，农作物病虫害专业化统防统治服务社会化所体现的"规模化、标准化、集约化"之"大"，是农业产业化发展日益走向社会化大生产过程中的"社会化大服务"。由此可见，专业化统防统治服务的社会化特征主要表现为：仍然是小农户与大市场之间共存共生特征，也就是"统一性"，是把分散的小农户统一起来。

统一性的"统"是专业化统防统治的第一属性，是共生共存的社会属性。不仅是服务供给的统一性，也不仅是服务需求的统一性，更重要的是供求双方的统一性，双方可能是意愿与行为的和谐统一性，也可能是矛盾的对立统一性。在乡村情景中，后者也是常态，在农作物病虫害专业化统防统治的社会化大服务中，常伴随着"技术下乡"面临的"最后一公里难题"，并伴随着"资本下乡"面临的"小农户的弱势问题"。

3.1.2　专业化特征：技术上的可分性与可外包性

从农业生产过程来看，病虫防治是技术含量最高、用工最多、劳动强度最大、风险控制最难的环节（危朝安，2011）。也就是说，病虫防治是外行做不好或做不了的，也不能做的，因为病虫害防治具备很强的专业化特征，属于农作物生产过程中的技术密集环节（陈昭玖、胡雯，2016；申红芳，2015；张忠军，2015）。

单个农户可能对病虫害防治的关键时间点和所需次数把握不好，他们往往会通过增施农药来规避病虫害风险（黄季焜等，2012）；而外包之后的统防统治则可以较为准确把握有效的施药时间和施药频率，达到较好的治理效果，在保证水稻生产率的同时也能避免增施农药带来的高生产成本和低产品质量。

农作物病虫害防治具备很强的专业性，为什么还可以外包呢？要使农户有外包意愿并且作出外包的选择行为，其前提条件是：专业化农作物病虫害防治在技术上是可分的。显然，农作物专业化统防统治从表征层面看，具有技术上的专业性，但更主要的是还要具备专业化技术上的可分性，因为只有具备了专业化技术的可分性，农户才可能把防治技术剥离出来，交由社会（主要是龙头企业）来完成。

那么，进一步探究的问题是：专业化农作物病虫害防治技术多大程度是可分的？

农业社会化服务的产生和发展源于技术上的可分性，假定一个农产

品从生产到消费的全过程可分为几种操作，这几种可独立操作的可分性
程度往往是各不相同的（龚道广，2000）。相对于农作物的田间管理、耕
作、排灌、种苗生产而言，病虫害防治是最具可分性的，因为防治工作
（如打药）的服务行为既不固定在土地上，也不依附在农作物上，如
图3-1所示。

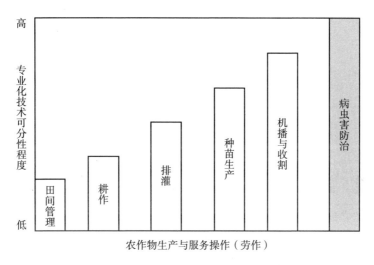

图3-1　农作物生产与服务技术的可分性

通过比较分析，可以得知农作物病虫害防治专业化技术的可分性体
现在：一是防治技术要素与其他农业要素是可分的，主要是打农药技术
和生物防治技术与土地是可分的，因为可拆分可携带；二是专业化防治
技术本身是可分的，如农药生产、销售、购买、施药、虫情监管等是一
系列可分的行为。农作物病虫害专业化技术的可分性为防治服务的分工
创造了客观前提条件，只要想进行技术服务外包，在农户的选择集中，
外包与否，统防统治服务采纳与否，是可以由农户自愿选择的，从技术
本身来看并无障碍。

实际上，统防统治技术上的可分性本质上就是统防统治专业化技术
服务的可外包性。"外包"（outsourcing）可以作为垂直一体化的替代物，
也可以作为垂直分工（vertical disintegration）的一种类型（蔡荣、蔡书凯，

2014)。农技服务外包是指农业生产经营中的部分环节，特别是包含先进农业技术应用的环节，委托专门服务机构承担，从而提升农业生产经营收益水平的生产行为（赵玉姝、焦源、高强，2013）。

 ## 3.2 行为机理：农户专业化统防统治的决策行为逻辑

通常认为农业社会化服务是农户的必然出路，"你正好需要，我正好专业"，不就一拍即合吗？不就你情我愿"正好统一"了吗？如果农户不愿意或者技术水平不够，进行农户参与动员和技术培训不就行了吗？其潜在假设是：改造传统农业实际上就是改造传统农民。

事实并非全然如潜在假设一样。需要提醒的是，正是由于农业社会化大生产中的"小农户"与统防统治社会化"大服务"是共存共生的，我们不能打着"现代化"的旗号甚至幌子，就将相对于"大服务"的"小农户"划入传统甚至落后的行列，抑或农业服务社会化的对立面，无论这样的认知图式是有意还是无意的，也不论是潜意识还是本能直觉。我们应该本着黑格尔意义上"存在即合理"的认知图式，探讨农户采纳统防统治的行为理性与基本逻辑，即使农户没有采纳，我们也要客观理性地分析其行为的合理性。

3.2.1 "发生学问题"的领悟：农户决策行为问题的再认知

作为一种农业社会化服务，专业化统防统治是现代农业发展的重要选择（危朝安，2011）。实际上，农业社会化服务的实践探索在我国由来已久，早在1983年中央一号文件印发的《当前农村经济政策的若干问题》中，首次提出了"社会化服务"的概念，指出各项生产产前产后的社会化服务，诸如供销、加工、贮藏、运输、技术、信息、信贷等，已逐渐成为广大农业生产者的迫切需要①。1990 年在《关于一九九一年农业和农村工作的通知》中，"农业社会化服务"的概念第一次被明确提出，所谓农业社会化服务是指为农业的产前、产中、产后提供的优质、高效、全面、配套的公益性服务及经营性服务（夏蓓，2016）。时至今日，在土地集中连片的集约化发展情况下，随着种粮大户规模化、标准化、集约化程度不断提高，农业服务社会化趋势日趋明显，农业生产与服务经营已从传统封闭的自给自足，到相对开放的一体化，再到深度分工的外包（曹峥林、王钊，2018）。

农业社会化服务体系的发展离不开各类农业社会化服务组织的发育，更重要的是，农户能够有效采用这些社会化服务。病虫害专业化统防统治同样需要农户的参与。很显然，农户面临的是生产和交易的选择。所谓生产就是农民选择小而全的生产方式，所有环节都自己操作，只同自然发生关系，那么他将花费高昂的生产成本。所谓交易就是农民选择专业化的生产方式，把一部分不适合自己完成的生产环节交给专门的服务组织（或个人）去完成，这就要同时与人发生关系。如果耗费的交易成本低于生产成本，农民就会希望得到服务（龚道广，2000）。

摆在我们面前的问题是：当专业化统防统治服务通过"最后一公里"来到农户田边和家门口的时候，农户是否采纳，他们会作何选择？农户选择决策行为的基本逻辑究竟是什么？

3.2.2　研究视角：专业化分工理论视角

分工和专业化是规模经济的本质（刘静、李容，2019）。统防统治的

---

① 《1983 年中央一号文件全文：印发〈当前农村经济政策的若干问题〉的通知》，党委宣传处网站，2011 年 10 月 10 日。

"统"是化整为零的服务规模化，其本质是分工和专业化。农业社会化服务在本质上属于专业分工的范畴，是农业分工分业不断深化的必然结果（龚道广，2000；李春海，2011）。农业社会化服务是农业生产经营领域的进一步分工，即将原来由单个农户自身完成的一些农业生产经营环节交予专业组织或机构，实现以更低成本、更高效率与质量完成这些生产经营环节。农业社会化服务在一定程度上解决了许多在生产经营过程中单个农户"办不了、很难办、效率低"的事，为农业生产提供了极大助力（夏蓓，2016）。

农事活动的分工有利于外包服务市场发育。在农户看来，在要素（服务）市场开放的条件下，农业分工并不仅仅停留于农户家庭内部的自然分工。一旦农户卷入社会化分工与生产性服务外包，同样能够内生出服务规模经济性（江雪萍、李大伟，2017；罗必良，2017）。

3.2.3　行为模式：农业社会化服务体系的运行模式

农业社会化服务体系的形成是由生产环节全部归农民自己操作，到把一部分生产环节分离出去，交给（外包给）越来越多的服务组织（或个人）去完成必要服务的变化过程（龚道广，2000）。如此一来，进一步要做的事情便是农业社会化服务体系的深入推进，推进路径就是把农户统一组织起来，采取"公司＋合作组织＋农户"的模式（见图3－2），把病虫害防治的碎片化自我服务统一外包给专业化统防统治"大服务商"。

正是在"公司＋合作组织＋农户"的服务模式和行为范式的主导下，在推进农业服务社会化发展进程中，全国各地探索了多种有效的服务模式，按参与主体分，有"合作社（大户、家庭农场）＋农户""合作社＋服务站＋农户""集体经济组织＋合作社＋农户""龙头企业＋合作社＋农户"等模式；按服务内容分，有产前、产中、产后服务等；按服务方

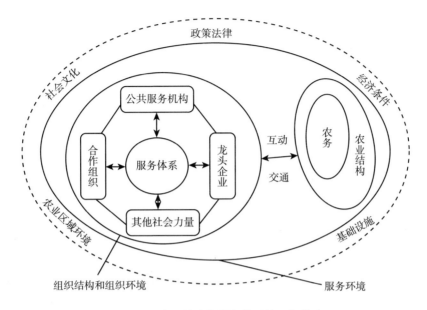

图 3 - 2　农业社会化服务体系的运行模式

式分，有托管服务式、订单服务式、平台服务式、站点服务式、股份合作式、代耕代种式等（刘益平，2018）。

农业生产环节外包是兼具社会化分工和规模化经营特征的创新性农业管理模式。通过外包的行为模式，将众多农户的服务需求聚合为社会化需求，既形成匹配于专业化服务组织的交易规模需求，又能改善农户的分工效率（刘静、李容，2019）。

3.2.4　行为机理：农户专业化统防统治的决策行为逻辑

农业社会化服务源于技术的可分性，是日益迂回扩展和纵向深化的农业分工。专业化统防统治服务产生的前提条件为：一是分工引发的日益扩大范围和规模的市场交换；二是分工诱发的日益迭代升级和适应需求的技术进步。显然，分工起决定作用。那么，统防统治服务的专业化分工究竟如何影响农户自身的采纳决策行为呢？亦即：统防统治服务专业化分工究竟如何影响农户行为决策。

规模经济的本质在于分工。在农业分工深化过程中，正在经历从自然分工到服务外包，力图化整为零，最大限度地追求规模经济（罗必良，2017）。在农作物专业化统防统治追求规模经济效益的不仅仅是"服务商"，也包括农户。从农户理性看，农户外包服务也是基于分工追求规模经济的动力驱动，实际上这正是农户经济增长的"斯密动力"。"斯密动力"是指经济增长的动力有赖于劳动分工和专业化所带来的劳动生产率的提高（韦森，2006）。从市场自发扩展的内在机制来说，市场交易是社会经济增长、人们收入增加，以及生活水平提高的原初动因和达致路径。市场交易源自分工，并会反过来促进劳动分工，而劳动分工则受市场规模大小的限制。市场扩大会加速和深化劳动分工，从而促进经济增长与市场的深化和扩展。实际上，这一现象构成了一枚硬币的两面，这种劳动分工和市场扩展的相互促进，构成了经济成长的"斯密动力"。

斯密在经典名著《国富论》中最早发现了分工与专业化的发展是经济增长的源泉（斯密，1773）。他特别强调，农业劳动生产力的增进总也赶不上制造业的劳动生产力的增进的主要原因，也许就是农业不能采用完全的分工制度，从而揭示了农业生产力滞后于制造业的原因。关键在于，农业生产领域的分工深化有着与其产业特性相关的天然的内生性障碍，这种障碍主要是技术上的不可分性，或者说是技术上的可分性程度太低了，这就是著名的"斯密猜想"（罗必良，2017）。

无论是"斯密动力"还是"斯密猜想"，其基本逻辑均为：鼓励农户将过去由自己从事的耕种、植保、收割等生产环节外包给外部的专业化服务组织，使众多小农户的服务需求聚合为社会化需求，既形成匹配于专业化服务组织的交易规模需求，又能改善农户的分工效率（胡霞，2009）。事实上，在中国经济相对发达的地区（如珠三角地区），其农业分工相对其他地区（如中部地区）更为深化，农业生产环节外包现象日渐普遍（刘守英，2015）。罗必良等（2017）对全国9省区农户的抽样调查数据显示，在2088个水稻种植样本农户中，有42.49%的农户在水稻生产过程中至少有一个环节获得专业服务组织、合作社或农业龙头企业提供的有偿服务。

农业纵向分工与服务外包的形成，既受市场容量的限制，亦反向促进市场容量的生成。具体而言，农户对任一环节的外包服务需求决定着市场容量，既是农业纵向分工的前提条件（需求），也是纵向分工的结果（罗必良，2017）。这就是著名的"斯密命题"——劳动分工受市场容量所限。

那么，需要进一步追问的是：农户行为决策（服务外包与否）究竟如何决定市场容量？罗必良（2017）认为，农户将农作物生产周期内需要多次重复或者可降低劳动强度的作业环节进行服务外包，有助于增加服务需求量，从而增加外包服务的市场容量；而且，参与区域横向分工的农户越多，选择同方向服务越专业化，越是有助于通过增加服务需求量来扩大服务规模和交易密度，从而增加外包服务的市场容量。市场容量越大，农业服务提供商就越能实现规模经济效益，从而降低服务商与农户双方的交易成本，对双方都是有利的，都能从基于市场容量扩大的规模经济效应中受益（罗必良，2017）。由此看来，农户和服务商的行为决策已非常明晰，于农户而言，其更愿意作出服务外包的策略性选择；于服务商而言，其更愿意作出服务业务承接的策略性选择。

至此，专业化统防统治服务的农户决策行为逻辑就非常明晰了。在农作物病虫害防治服务具有两大特征——社会化和专业化的情景下，农户有条件受到更好的专业化服务，其关键就在自身服务外包与否的策略性行为选择。为了共享基于劳动分工的规模经济效应和降低交易成本，农户更愿意作出病虫害防治服务外包的策略性选择，将病虫害防治业务外包给市场中的服务商，而自身专注于生产环节的劳作行为，这是农户作出理性选择的策略性行为决策。

 ## 3.3 理论框架：农户专业化统防统治的决策行为理论

正确认识和全面了解农户专业化统防统治采纳的过程有助于我们对农户专业化统防统治采纳决策行为及其影响因素做出更好的分析。在上文专业化统防统治的两大关键特征和农户采纳决策行为逻辑分析的基础上，为了文章后续章节的相关研究厘清学理逻辑与理论脉络，并提供研究的理论框架，下面从经济学研究的逻辑起点——"理性经济人"假设出发，在专业化分工理论视角下，遵循"农户理性认知—服务外包意愿—农户采纳决策行为"的基本逻辑，进行采纳过程的学理逻辑分析。

从行为决策过程看，农户个体决策可分为三个主要阶段：首先，依据情境，形成理性认知；其次，根据自身的认知地图，在心智模式中表达信念与意愿；最后，综合权衡，作出决定，作出策略性选择。从行为决策过程考虑，按照"认知—意愿—行为"的逻辑主线，构建专业化统防统治服务的农户决策行为理论框架。

3.3.1 农户理性：病虫害防治服务外包的理性认知

农户理性认知是农户对执行某特定行为所带来的后果的认知程度，决定着个体的行为意愿，认知越深刻行为意愿也越大，作出认知一致性的行为选择的可能性就越大（段培，2018；周洁红，2006）。

农业生产性服务外包是农户理性认知的微观决策行为，是基于多重理性而进行的策略性选择行为，主要是基于三重理性：经济理性、技术理性和社会理性。农户所表现出来的"理性选择"行为是多元的，且受制于许多非经济因素（黄鹏进，2008；文军，2001）。

1. 农户的经济理性认知

农户在农作物生产过程中是作为"理性经济人"存在的，其理性经济目标是更高的经济收入或者更多的闲暇福利。因此，水稻生产环节外包的实质是稻农作为"理性经济人"，在诸如自身文化素质和技能掌握情况、家庭实际情况、外包服务市场供给情况等既定的约束条件下所作出的生产决策（陈超、黄宏伟，2012）。

农业生产性服务外包是农户在资源禀赋和技术条件的约束下，根据比较优势原则，基于成本与收益的权衡而作出的经济理性行为选择（陈江华、罗明忠、张雪丽，2016）。从经济理性看，农户采纳专业化统防统治服务外包策略到底能获得怎样的经济效益，分析如下。

第一，农户能共享规模经济效益。农户选择病虫害防治服务外包，实际上是农户参与农业分工，众多参与服务外包的农户聚力为生产性服务市场提供了"斯密动力"，进而扩大了市场容量，扩大了服务供给商的市场范围和规模。由于规模经济效益，服务供给商更有动力提供更为优质、及时和精准的专业化服务，更有利于参与服务外包的农户共享服务市场规模经济效益。从本质上看，专业化统防统治服务市场是农户和服务商共同创造的，产生了规模经济效应，共享规模经济效益（罗必良，2017）。

第二，农户能降低交易成本。随着生产社会化程度的提高，农业专业化水平必须相应提高。农业生产环节外包是开启农业规模经营的"金钥匙"，坚定不移地走农业规模经营的道路可以从农业生产环节规模经营开始。从劳动力密集型生产环节外包，到技术密集型生产环节外包，再到全生产环节外包，是推进中国农业规模经营的路径之一（王志刚等，2011）。生产环节外包使一般农户不再需要熟练掌握水稻生产的每一个细节和关键技能，而由种粮大户、专业服务队等对生产过程和生产环节更熟悉、专业技能更高的人或组织专门从事部分环节或全部环节的服务，提高了农业生产的专业化程度，有利于提升水稻生产的整体水平。实证研究表明，在病虫害防治环节，种植规模在 20 亩以上的农户中，服务外包的农户比例约为种植规模 5 亩以下农户的 2 倍①。随着整体水平的提高，农业生产性服务规模也在相应提高，这有利于降低交易双方的交易成本。对于广大农户来说，其所需要的农业技术成本及农技成果的寻找费用较高，而单个农户又不可能掌握高端先进的农业科学技术。因此，从"经济人"的角度出发，农户应完成自身最擅长的部分，如农作等，剥离其他部分改用"购买服务"，从而降低交易成本，而且还能提升农户自身核心竞争力，以达到技术、资金、土地资源的合理利用，进而增加个人收入（赵玉姝等，2013）。

2. 农户的技术理性认知

农业技术外包服务能够在一定程度上满足农户需求，是自给性小农向社会化小农转变过程中的必然选择，其实质是农业技术商品化及技术交易实现的过程（赵玉姝等，2013）。在此过程中，实质上是将农业技术看作一种技术商品，即需求主体采用农业技术成果，供给主体提供新型技术，供需双方以技术商品价格或各自利益为依据确定交易行为，共同分享新技术所带来的效益。

实际上，农户不会盲目甚至贸然把病虫害防治技术服务予以外包，除了经济理性的考量，农户具有自身立场与经验的技术埋性认知。在这里，技术理性认知主要不是指农户自身的经验积累与实践理性，而是农户认识到技术服务的可分性与可外包性。从本质上看，农业服务外包性体现了分工的本质内涵，分工更是其产生与发展的内在逻辑。病虫害服务技术可分，使农业服务外包发展成为现实必然（曹峥林、王钊，2018）。一方面，农业生产过程的环节分离使得农业生产能够在不同的主体甚至

---

① 王志刚、申红芳、廖西元：《农业规模经营：从生产环节外包开始——以水稻为例》，载《中国农村经济》2011 年第 9 期。

不同的空间进行分离，这显然有助于新的农业经营主体的进入，进而改善农业组织化的选择空间；另一方面，生产过程的分解、中间生产环节不断分化与独立，在改善农业生产迂回程度的同时，也促进农业生产的标准化和流通交易成本的下降，进而扩大市场范围并拓展农业分工（罗必良、李玉勤，2014）。

3. 农户的社会理性认知

农户采取"从众决策"的可能解释是技术的外部性制约了农户的独立决策，导致他们连片种植同一作物，采用同一措施（杨志武、钟甫宁，2010）。正如科尔曼（J. S. Coleman）所说："理性行动是为达到一定目的而通过人际交往或社会交换所表现出来的社会性行动，这种行动需要理性地考虑（或计算）对其目的有影响的各种因素。但是，判断理性与非理性不能以局外人的标准，而是要用行动者的眼光来衡量。"[①]

对于行动者而言，不同的行动会产生不同的效益，而行动者的行动原则就是为了最大限度地获取效益。从社会理性看，这种"效益"并不只是局限于狭窄的经济领域中，它还包括政治的、社会的、文化的、情感的等众多内容，因为行动者的行动都被看作是有目的或有意图的，也是有社会偏好的（Coleman，1990）。

综合诸多因素考虑，农户社会理性的最基本特点就是在追求效益最大化的过程中寻求满足，寻求一个令人满意的或足够好的行动程序，而不是"经济理性"中寻求利益的最优。在农业社会化服务体系的运行模式中，农户的社会理性常常是非常复杂的，农户不仅要追求经济利益的最大化，也要追求社会及其他效益的最大化，而且，其中有许多因素本身就是相互制约的，农户只能在众多因素的权衡之中寻求一个满意解，而实际很难达到最优（文军，2001）。

[①] Coleman J. S, Foundation of Social Theory. Cambridge：Belknap Press of Harvard University Press，1990.

3.3.2 心智模式：病虫害防治服务外包的农户意愿

农技服务外包是农业产业内分工的典型形式，其行为表现为农业生产经营中的部分环节由生产经营主体之外的行为主体负责，而经营主体只负责自身具有比较优势的生产环节。从农户的角度来看，专业化统防统治服务外包的采纳决策行为是农户对专业化统防统治成本收益分析及对新旧技术进行比较分析的意向性选择（赵玉姝等，2013）。在区域专业化和农业分工化的情景中，集中连片生产的众多农户的规模化外包需求，一方面有助于社会化服务组织采纳先进的农业技术与装备，发挥规模经济效应，提高农业生产效率，降低农业生产成本；另一方面有利于农户通过学习机制获得农业生产外包的正外部性，积累农业生产知识，提高自身农业生产技术水平（陈江华等，2016）。这当中，"学习机制"尤为关键，其关键在于农户的心智模式。所谓心智模式是指深植于人们心中关于自己、他人、组织及周围世界每个层面的假设、形象和故事，并深受习惯思维、定势思维、已有知识的局限（Kenneth Craik，1943）。心智模式是根深蒂固于心中，影响人们如何了解这个世界，如何采取行动的许多假设、成见、图像、印象，是对于周围世界如何运作的既有认知。其中，认知图式起着重要作用，当认知主体开始认知活动后，通过认知图示的过滤，主要选择和接受合乎图式的信息，对信息客体进行同化或顺应，实现信息的整合。在此基础上，由于主体认知图式的不同，其所能理解和同化的客体对象、所能理解的客体的深度及角度都不相同，故而导致了人对客体的不同理解（张凯、张美红，2008）。

正因为心智模式的不同，即使是相同的专业化统防统治服务，在相同区域（如乡镇和自然村）的农户也会表现出不同的参与意愿，有的积极主动，有的消极被动，有的毫无意愿甚至断然反对。

从专业化分工理论视角看，农业分工越充分、越深化，农业社会化服务的体系就越完善，劳务服务市场的发育状况就越好，可供农户选择的交易平台就越丰富，农户更便于获取种养技术的支持，参与组织化交易的程度也会越高，通过生产系统网络化带来的竞争优势利益来分享分工经济收益，从而使农户更愿意接受外包生产性服务的环节（江雪萍、李大伟，2017）。

3.3.3　决策行为：病虫害防治服务外包的策略性选择

在农户心智模式中，农户特征、土地特征、区域农业发展水平、政策保障与环境四个方面的诸多因素均为农户认知地图的关键因素，均对生产环节外包的农户意愿与行为选择有重要影响（王志刚等，2011）。诸如农户行为选择理论和生产函数视角的决策主体个人特征、家庭或组织资源禀赋、外部区域或政策环境等维度因素（蔡荣、蔡书凯，2014），需求价格理论框架下的服务外包市场需求与价格因素（申红芳等，2015），立足产权和交易成本视角的农业生产交易特性和主体行为能力（陈思羽、李尚蒲，2014；陈文浩、谢琳，2015），以及农户角色差异（陈超、黄宏伟，2012）、环节属性差异和经营规模差异（王志刚等，2011）等因素。从外包决策行为的驱动因素看，影响外包的激励因素可以归结为三类：一是通过外包节约成本，二是提供合适的产品或服务，三是接包方的专业技能能够帮助外包方实现预期目标（蔡荣、蔡书凯，2014）。

农户需要综合权衡，依据其自身情况的认知在地图中作出策略性选择，关键在于如何在"自我服务"和"外包服务"中进行选择。农户将如何权衡。

就水稻生产而言，病虫害服务外包的作用是通过影响水稻生产部分环节的平均生产率和学习的正外部性产生的。在农户自身时间、机械设备、知识结构、技术水平等出现不足或存在缺陷时，他们会将水稻生产的病虫害防治外包给拥有具备足够知识能力、先进技术水平和专用性资产设备的其他农户、农民专业合作社、农业社会化服务组织等服务供应商（供给方）。一般而言，农户对生产环节进行外包，能够实现农业生产的规模经营，根据规模经济理论，只有经营规模达到一定程度时才能使农业生产经营中投入的资源和要素达到最优组合，从而通过提高生产环节的平均生产率来提高总体生产率；农户对生产环节进行外包，也能够推动外包生产环节的农户向其他农户、农民专业合作社、农业社会化服务组织等学习先进知识、技术及经验等，进而通过学习的正外部性来促进水稻生产率的提高（蔡荣、蔡书凯，2014）。

3.3.4 理论框架：农户专业化统防统治的决策行为理论

通过上文的分析，遵循"农户理性认知—服务外包意愿—农户采纳行为决策"的基本逻辑，构建专业化统防统治的农户决策行为理论框架（见图3-3）。

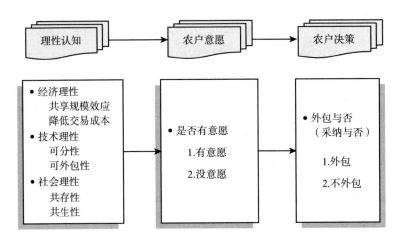

图3-3 专业化统防统治服务的农户决策行为理论框架

在理论框架中，逻辑主线是"认知—意愿—行为决策"。农户综合考虑专业化统防统治的经济理性（共享规模效应、降低交易成本）、技术理性（可分性、可外包性）和社会理性（共存性、共生性），在农户心智模式中由认知图式产生专业化统防统治的采纳意愿，最终导致农户采纳与否（外包与否）的行为决策。

尤其需要注意的是，农户采纳专业化统防统治在内心意愿与行为选择方面并非一定一致，可能出现认知不一致性问题甚至认知失调问题，以致意愿与行为出现偏差。出现意愿与行为决策的偏差的原因在于，从分工深化过程看，农业经营主体的服务外包行为决策将随着专业化分工深化，遵循"从劳动力密集型环节外包到技术密集型环节外包再到全环节外包"的动态发展过程（曹峥林、王钊，2018；王志刚等，2011）。在动态发展过程中，一个客观现实是：在农户的认知图式中，专业化统防统治外包决策不是一成不变的，而是在不断地纠错学习和环境变化中作出不同的动态调整与选择，"外包与否"问题不是一次性选择，前后选择可能出现明显的出入甚至反差（段培，2018）。这可能导致基于认知一致性方面的意愿与行为选择的偏差。

3.4 本章小结

本章梳理了学理逻辑与建构理论框架。首先，在农业服务社会化视域中，简要分析农作物病虫害专业化统防统治服务的两大关键特征：一是社会化特征，即社会上的共存性与共生性，属于社会属性的范畴；二是专业化特征，即技术上的可分性与可外包性，属于技术属性的范畴。

其次，着重从专业化与分工理论视角，重点剖析农户采纳专业化统防统治的决策行为机理与基本行为逻辑。从专业化分工理论视角看，统防统治的"统"是化整为零的服务规模化，其本质是分工和专业化。农业社会化服务在本质上属于专业分工的范畴，是农业分工分业不断深化的必然结果。通过农户决策行为机理分析得知，专业化统防统治具有两大特征——社会化和专业化的情景下，农户有条件受到更好的专业化服务，其关键在于自身服务外包与否的策略性行为选择。为了共享基于劳动分工的规模经济效应和降低交易成本，农户会愿意作出病虫害防治服务外包的策略性选择，将病虫害防治业务外包给市场中的大服务商，而自身专注于生产环节的劳作行为，这是农户作出理性选择的策略性行为决策。

最后，在上述专业化统防统治的两大关键特征和农户采纳决策行为逻辑分析的基础上，从行为决策过程考虑，按照"认知—意愿—行为"的逻辑主线，本章明确提出了后续章节研究的理论框架。农户综合考虑专业化统防统治服务的经济理性（共享规模效应、降低交易成本）、技术理性（可分性、可外包性）和社会理性（共存性、共生性），在农户心智模式中由认知图式产生不同程度的专业化统防统治采纳意愿，最终导致农户采纳与否（外包与否）的行为决策。尤其需要注意的是，农户采纳专业化统防统治在内心意愿与行为选择方面并非一定一致，可能会出现认知失调问题，以致意愿与行为出现偏差。

第 **4** 章

调研设计与数据来源

4.1 调研过程

4.2 调研内容和调研农户的选择

4.3 样本地区介绍

4.4 本章小结

根据水稻种植区域自然生态因素和社会、经济、技术条件，我国水稻种植区可以分为 6 个稻作区，分别为：华南双季稻稻作区、华中双单季稻稻作区、西南高原单双季稻稻作区、华北单季稻稻作区、东北早熟单季稻稻作区和西北干燥区单季稻稻作区。其中，水稻主产区包括华南双季稻稻作区、华中双单季稻稻作区、西南高原单双季稻稻作区和东北早熟单季稻稻作区，前三个稻作区合称为南方稻作区。南方稻作区内具有明显的地域性差异，是我国水稻生产的主要地区，其水稻种植面积占全国总播种面积的 93.6%[①]。因此，本书对南方稻作区农户专业化统防统治决策行为进行研究，对提高粮食生产效率，确保我国粮食安全具有重要意义。

4.1 调研过程

鄱阳湖生态经济区属于华中双单季稻稻作区，是南方稻作区水稻生产的典型区域。本书的数据主要来源于鄱阳湖生态经济区水稻种植农户的调研数据。

第一，本书通过查阅大量文献资料，请教了多位专家学者并采纳了其宝贵建议，梳理农户专业化统防统治采纳意愿与采纳行为的影响因素，再结合研究目标，初步拟定了问卷调查的主要问题和选项。

第二，确定问卷数据的类型。问卷格式按照国际学术界研究农业经济管理问题实证分析时通用的问卷格式来设计，即用若干个指标来描述和反映一个变量，并将研究中所设计到的所有变量用数值表示出来。例如，性别为二分类变量，用"0"表示女性，用"1"表示男性；年龄是

---

① 张亦贤：《推动打造我国南方粮食主产区稻谷优势产业链研究》，《中国粮食经济》2020年第 4 期，第 15～16 页。

五分类变量，用"1"表示30岁及以下，用"2"表示31~40岁，用"3"表示41~50岁，用"4"表示51~60岁，用"5"表示60岁以上；水稻种植面积是离散型变量，按水稻实际种植面积填写，如10亩。为了实现调研目的，提高调研效果，本次调研采用访问式问卷，即由调查者将早已准备好的问卷或问卷提纲，向被调查者以提问的方式在问卷上进行填写。

第三，确定问卷的调查对象。本次调研的主要目的是了解南方稻作区农户专业化统防统治采纳意愿及其影响因素、采纳行为及其影响因素、采纳意愿与采纳行为差异性及其影响因素，而鄱阳湖生态经济区作为南方稻作重要功能区，其水稻生产对南方稻作区粮食供给影响很大，对南方稻作区乃至全国粮食安全起着重要的作用。因此，本书以鄱阳湖生态经济区水稻种植农户作为调研对象。

第四，预调研与确定问卷最终稿。为了更准确、更全面地反映所要调研的问题，保证调研结果的真实性和可靠性，并使问卷语言更简洁更有针对性，以便于农户理解，调研组在正式调研之前，首先，调研组于2017年6月24~30日在南昌市新建县进行了为期一周的预调研，并根据预调研过程中发现的问题，及时修正和补充调查问卷。其次，对调研人员进行培训，并邀请多位专家学者参加。向调研人员介绍调研的主要目的、意义和调研内容，分享调研技巧并提醒调研员在调研过程中的一些相关事项，以便更好地完成调研。同时，听取专家的意见，确定调研问卷的最终稿。

第五，正式调研。正式调研按照分层抽样的方法，采取调研员对农户一对一访谈的方式，总共调查了20个县（市、区）26个乡（镇）的40个自然村。调研组成员由江西农业大学经管学院15级本科生及江西财经大学生态经济研究院的研究生组成，分别于2017年7月1~15日，2017年10月1~7日正式下乡调研，这两个时期正值早稻和一季稻的收割期，本地务工农民基本都返乡从事农忙，便于我们的调研员进行实地调研。

4.2 调研内容和调研农户的选择

4.2.1 调研内容

鄱阳湖生态经济区水稻种植农户施药行为数据需要通过问卷调查的方法获取。为此，本书采取问卷调查方式，充分考虑数据的易获得性及客观性，设计问卷，在鄱阳湖生态经济区 20 个县（市、区）获取农户调研第一手数据资料。

调研问卷主要由以下三部分组成。

第一部分为农户的基本特征情况。包括户主个人特征情况和家庭特征情况，即户主的性别、年龄、文化程度、社会身份、家庭人口数、劳动力人数、务农人数、家庭总收入、非农收入、非农收入占比[①]。

第二部分为农户生产经营特征情况。包括水稻种植面积、自家耕地面积、租赁耕地面积、水稻亩产量、施药成本、施药次数、水稻种植年限、邻地是否采取专业化统防统治、对专业化统防统治的了解程度、获取专业化统防统治的渠道、专业化统防统治采纳意愿、专业化统防统治采纳行为、购买农药的渠道、购买农药的依据、施药特征、是否参加过专业化统防统治的培训、与专业化统防统治工作人员联系的难易程度、专业化统防统治工作人员的指导是否及时、对目前病虫害防治方式的满意程度、对政府的期望等[②]。

第三部分为农户的认知特征情况。包括农户对农业生态环境退化的认知、农药对身体健康影响的认知、农药对环境影响的认知。

[①] 说明：社会身份是指户主是否为党员或村（乡、镇）干部。
[②] 说明：在被调研的农户中，如果农户种植的是"双季稻"，那么该农户的水稻种植面积就是按照他两次种植水稻的面积之和来计算。

4.2.2 调研农户的选择

本书在综合考虑鄱阳湖生态经济区各县（市、区）经济发展水平、地理环境等因素的基础上，选取了万年县、鄱阳县、余江区、贵溪市、丰城市、东乡区、渝水区、新建区、南昌县、进贤县、安义县、高安市、浮梁县、乐平市、湖口县、永修县、武宁县、都昌县、瑞江市和柴桑区等20个县（市、区）26个乡（镇）的40个自然村（见表4-1），每个村随机抽取20个农户进行调研，共发放问卷800份，收回问卷762份，经剔除缺省等不合格问卷，获得有效问卷692份，问卷有效率达86.5%。具体抽样情况如表4-1所示。

表 4-1 　　　　　　　　　　 问卷调查样本构成

调查区域	调查乡镇	调查村组数量	农户数量
南昌县	蒋巷镇	蒋巷村、柏岗山村	40
新建区	石埠镇	竹园村、乌城村	40
进贤县	前坊镇、三里乡	高坊村、大池村、光辉村	60
安义县	鼎湖镇	鼎湖村、田埠村	40
鄱阳县	乐丰镇、饶丰、鸦鹊湖	东风村、南山村、灌塘村、高家圩村	80
万年县	齐埠乡、石镇镇	黄平村、坑村、射田村	60
余江区	洪湖乡	新湖村、板桥村	40
贵溪市	周坊镇	高门村、胡家村	40
丰城市	石滩镇	南湖村、乌岗村	40
渝水区	水北镇	水北村、新桥村	40
高安市	田南镇	新屋村、罗家村	40
乐平市	高家镇	杨家边村	20
浮梁县	洪源镇	洗马村	20
东乡区	虎圩乡	艾田村、陈桥村	40
柴桑区	新塘乡	前坪村	20
湖口县	武山镇	武山村、五星村	40
永修县	滩溪镇、白槎镇	胡家村、建新村	40
武宁县	船滩镇、泉口镇	河潭村、杨岭村	40
都昌县	南峰镇	石桥村、大山村	40
瑞江市	横港镇	红星村	20

4.2.3　样本户的基本情况

4.2.3.1　农户基本特征情况

在被调查的农户中，户主绝大多数为男性，占总样本的74.6%；且年龄普遍偏高，绝大多数集中在41~60岁，比重高达七成以上；文化程度普遍偏低，具体情况如表4-2所示。

表4-2　　　　　　　　　农户基本特征情况统计

一级指标	二级指标	选项	人数（人）	所占百分比（%）	累计百分比（%）
户主个人特征	性别	女	176	25.4	25.4
		男	516	74.6	100.0
	年龄	30岁及以下	11	1.6	1.6
		31~40岁	54	7.8	9.4
		41~50岁	242	35.0	44.4
		51~60岁	245	35.4	79.8
		61岁及以上	140	20.2	100.0
	文化程度	文盲	21	3.0	3.0
		小学	138	19.9	23.0
		初中	250	36.1	59.1
		高中（或中专）	261	37.8	96.8
		大专及以上	22	3.2	100.0
	党员或村（乡、镇）干部	否	611	88.3	88.3
		是	81	11.7	100.0
农户家庭特征	家庭劳动力人数	1人	36	5.2	5.2
		2人	322	46.5	51.7
		3人	161	23.3	75.0
		4人	125	18.1	93.1
		5人及以上	48	6.9	100.0

续表

一级指标	二级指标	选项	人数（人）	所占百分比（%）	累计百分比（%）
农户家庭特征	家庭务农人数	1 人	310	44.8	44.8
		2 人	327	47.2	92.0
		3 人	38	5.5	97.5
		4 人	15	2.2	99.7
		5 人及以上	2	0.3	100.0
	非农收入占比	25% 及以下	205	29.6	29.6
		26%~50%	116	16.8	46.4
		51%~75%	77	11.1	57.5
		75% 以上	294	42.5	100.0

从表 4-2 中可以看出，此次调查农户的一些基本特征：（1）性别。在被对调查农户中，户主为女性的农户数量是 176 户，占总样本的 25.4%；户主为男性的农户数量是 516 户，占总样本的 74.6%。（2）年龄。从农户年龄结构来看，30 岁及以下年龄段的农户数量最少，为 11 户，占总样本量的 1.6%；31~40 岁年龄段的农户有 54 户，占总样本的 7.8%；41~50 岁年龄段的农户有 242 户，占总样本的 35.4%；51~60 岁年龄段的农户有 245 户，占总样本的 35.4%；61 岁及以上年龄段的农户有 140 户，占总样本的 20.2%。（3）文化程度。在被调查农户中，户主文化程度主要集中在初中和高中（或中专），占总样本的 70% 以上，其中初中文化程度的户主有 250 户，占总样本的 36.13%，高中（或中专）文化程度的户主有 261 户，占总样本的 37.7%；未受过正规学校教育的户主最少，为 21 户，占总样本的 3.0%；大专及以上文化程度的户主也比较少，为 22 户，占总样本的 3.2%。（4）社会身份。在被调研的农户中，户主不是党员或村（乡、镇）干部的有 611 户，占总样本的 88.29%；户主是党员或村（乡、镇）干部的有 81 户，占总样本的 11.7%。（5）家庭劳动力人数。在被调研的农户中，家庭有 2 个劳动力的农户占比最高，

有 322 户，占总样本的 46.5%；其次是 3 个劳动力的家庭，有 166 户，占总样本的 23.3%；最少的是 1 个劳动力的家庭，有 36 户，占总样本的 5.2%。（6）家庭务农人数。在被调研的农户中，家庭务农人数普遍偏少，绝大多数为 1 人或 2 人。其中，最多的是务农人数有 2 人的家庭，为 327 户，占总样本的 47.3%；其次是务农人数有 1 人的家庭，为 310 户，占总样本的 44.8%；最少的是务农人数有 5 人的家庭，为 2 户，占总样本的 0.3%。（7）非农收入占比情况。家庭非农收入占比在 25% 及以下的有 205 户，占总样本的 29.6%；家庭非农收入占比在 26%~50% 的有 116 户，占总样本的 16.8%；家庭非农收入占比在 51%~75% 的有 77 户，占总样本的 11.1%；家庭非农收入占比在 75% 及以上的有 294 户，占总样本的 42.5%。

4.2.3.2 农户生产经营特征情况

在被调查的 692 个有效样本中，水稻种植面积平均值为 27.5 亩，最大值为 316 亩，最小值为 0.4 亩，种植规模在 5 亩及以下的占 54.6%，这说明被调查区域农户水稻种植小规模、分散化现象较为严重。农户生产经营特征具体情况如下表 4-3 所示。

表 4-3　　　　　　　　农户生产经营特征情况统计

一级指标	二级指标	选项	人数（人）	所占百分比（%）
农户生产经营特征	水稻种植面积	5 亩及以下	378	54.6
		6~10 亩	9	1.3
		11~20 亩	16	2.3
		20 亩以上	289	41.8
	是否参加过专业化统防统治的培训	否	386	55.8
		是	306	44.2
	邻地是否采纳专业化统防统治	否	489	70.7
		是	203	29.3

一级指标	二级指标	选项	人数（人）	所占百分比（%）
农户生产经营特征	对专业化统防统治的了解程度	很不了解	140	20.2
		比较不了解	79	11.4
		一般	148	21.4
		比较了解	207	29.9
		很了解	118	17.1
	与专业化统防统治工作人员联系的难易程度	很困难	113	16.3
		比较困难	225	32.5
		一般	66	9.5
		比较容易	165	23.8
		很容易	123	17.8
	专业化防治工作人员的指导是否及时	否	428	61.9
		是	264	38.1
	获取专业化统防统治信息的渠道	政府	573	82.8
		农技人员	40	5.8
		自己搜寻	46	6.7
		其他	33	4.8
	对目前病虫害防治方式的满意程度	很不满意	41	5.9
		比较不满意	170	24.6
		一般	235	34.0
		比较满意	207	29.9
		很满意	39	5.6

从表4-3中可以看出：（1）家庭水稻种植面积。种植面积在5亩及以下的农户有378户，占总样本的54.6%；种植面积为6～10亩的农户有9户，占总样本的1.3%；种植面积为11～20亩的农户有16户，占总样本的2.3%；种植面积在20亩以上的农户有289户，占总样本的41.8%。（2）参加专业化统防统治培训情况。有386户农户没有参加过专业化统防统治培训，占总样本的55.8%；有306户参加过专业化统防统治培训，占总样本的44.2%。（3）邻地采纳专业化统防统治情况。有489户农户的邻地没有采纳专业化统防统治，占总样本的55.8%；306户

农户的邻地采纳了专业化统防统治，占总样本的44.2%。（4）对专业化统防统治的了解程度。对专业化统防统治比较了解的农户最多，有207户，占总样本的29.9%，其次是对专业化统防统治了解一般的农户，有148户，占比21.4%；最少的是对专业化统防统治比较不了解的农户，有79户，占总样本的11.4%。（5）与专业化统防统治工作人员联系的难易程度。占比最多的是认为与专业化统防统治工作人员联系比较困难的农户，有225户，占比32.5%；其次是认为与专业化统防统治工作人员联系比较容易的农户有165户，占总样本的23.8%；占比最少的是认为与专业化统防统治工作人员联系一般困难的农户，有66户，占比9.5%。（6）专业化统防统治工作人员指导情况。有428户农户认为专业化统防统治工作人员指导不及时，占总样本的61.9%；有264户农户认为专业化统防统治工作人员指导及时，占总样本的38.1%。（7）获取专业化统防统治信息的渠道。通过政府获取专业化统防统治信息的农户有573户，占总样本的82.8%；通过农技人员、自己搜寻、其他渠道获取专业化统防统治信息的农户分别有40户、46户和33户，分别占总样本的5.8%、6.7%和3.3%。（8）对目前病虫害防治方式的满意程度。对目前病虫害防治方式一般满意的农户最多，有235户，占总样本的34%；其次是比较满意的农户，有207户，占比29.9%；最少的是对目前病虫害防治方式很满意的农户，有39户，占比5.6%。

4.2.3.3　农户认知特征情况

从表4-4中可以看出：（1）农药对身体健康影响的认知。在被调查的692个样本中，最多的是认为农药对身体健康影响比较大的农户，有286户，占总样本的41.3%；其次是认为农药对身体健康影响较小的农户，有156户，占总样本的22.5%；最少的是认为农药对身体健康影响很小的农户，仅有63户，占总样本的9.1%。（2）农药对环境影响的认知。认为农药对环境影响比较大的农户数量最多，有265户，占总样本的38.3%；其次是认为农药对环境影响很小的农户有152户，占总样本的22.0%；最少的是认为农药对环境影响很小的农户有48户，占总样本的6.9%。（3）农户对农业生态环境退化的认知。对农业生态环境退化比较了解的农户数量最多，有255户，占总样本的36.9%；其次是对农业生态环境退化很了解的农户，有162户，占总样本的23.4%；最少的是对农业生态环境退化很不了解的农户有58户，占总样本的8.4%。

表4-4 农户认知特征情况统计

一级指标	二级指标	选项	人数（人）	所占百分比（%）	累计百分比（%）
认知特征	农药对身体健康影响的认知	很小	63	9.1	9.1
		比较小	156	22.5	31.6
		一般	90	13.0	44.7
		比较大	286	41.3	86.0
		很大	97	14.0	100.0
	农药对环境影响的认知	很小	48	6.9	6.8
		比较小	97	14.0	21.0
		一般	130	18.8	39.7
		比较大	265	38.3	78.0
		很大	152	22.0	100.0
	农户对农业生态环境退化的认知	很不了解	58	8.4	8.4
		比较不了解	87	12.6	21.0
		一般	130	18.7	39.7
		比较了解	255	36.9	76.6
		很了解	162	23.4	100.0

 4.3 样本地区介绍

《鄱阳湖生态经济区规划》（以下简称《规划》）于2009年12月12

日获国务院正式批复，意味着鄱阳湖生态经济区建设上升为国家战略。该经济区以鄱阳湖为中心，以环绕鄱阳湖的周边城市群为支撑，旨在发展城市群经济、保护鄱阳湖生态环境，使鄱阳湖生态经济区建设既能肩负保护鄱阳湖"一湖清水"的重大使命，又能承载引领江西省乃至全国经济社会可持续发展的重要功能。按照规划，鄱阳湖生态经济区包括南昌市、景德镇市、鹰潭市，以及新余市、吉安市、宜春市、九江市、抚州市、上饶市的部分县（市、区），共 38 个县（市、区）和鄱阳湖全部湖体，区域范围如表 4-5 所示。

表 4-5　　　　　　　　　　鄱阳湖生态经济区区域范围

市级区域	县区
南昌市	东湖区、青山湖区、青云谱区、西湖区、湾里区、南昌县、新建区、进贤县、安义县
九江市	柴桑区、庐山市、浔阳区、濂溪区、共青城市、瑞昌市、湖口县、德安县、永修县、彭泽县、武宁县、都昌县
新余市	渝水区
宜春市	樟树市、高安市、丰城市
上饶市	万年县、鄱阳县、余干县
景德镇市	乐平市、珠山区、昌江区、浮梁县
鹰潭市	贵溪市、月湖区、余江区
抚州市	临川区、东乡区
吉安市	新干县
合计	38 个县（市、区）

4.3.1　地理位置及自然条件

鄱阳湖是我国最大的淡水湖，是四大淡水湖中唯一没有富营养化的湖泊，也是世界最重要的湿地之一。鄱阳湖生态经济区地处长江中下游南岸、江西省北部，其经纬度范围是 114°29′ ~ 117°42′E，27°30′ ~ 30°06′N[1]。国土面积 5.12 万平方千米，占江西省总面积的 30.65%。

该区域属于东亚中纬度地区，气候温和湿润。光、热、水资源丰富，生物资源种类多样，每年来此处过冬的候鸟主要包括天鹅、白鹤、白鹳等珍贵鸟类。全世界 95% 以上的白鹤会来此过冬，有"白鹤王国"称号[2]。矿产资源丰富，"古色、绿色、红色"的旅游资源品质高。土地类型齐全，主要包括耕地、林地、草地为主。其中，耕地面积占区域总面积的 20%，林地面积占 26.8%、水域面积占 29.8%，草地面积占 11.9%，建设用地仅占 5.8%[3]。该区境内海拔由外围逐渐向中心降低，呈环状分布，其中外环主要为山地，中环以丘陵岗地为主，内环滨湖平原广布，环心为湖体；区内水网密布、湖泊众多，自然景观丰富；交通便利，南昌港、九江港、鄱阳港分布其中，京九铁路、浙赣铁路一纵一横交错分布，105 国道、206 国道、320 国道贯穿全区，实现了区内高速公路网络化[4]。鄱阳湖受亚热带季风气候的影响，降水量大，年平均降水量为 1636 毫米[5]，热量充足，而且雨热同期，为农业生产提供了有利的气象条件，非常适合农作物的生长。

4.3.2　社会经济条件

鄱阳湖生态经济区还位于长三角地区、珠三角地区、闽东南三大经济发达地区的中心位置，是中部地区正在加速形成的重要增长极，是中

---

[1] 肖素芳：《基于计量分析的鄱阳湖生态经济区人口—耕地—粮食耦合关系研究》，江西师范大学学术论文，2016 年。

[2] 吴芳芳：《鄱阳湖生态经济区农户农地流转意愿研究》，首都经济贸易大学学术论文，2016 年。

[3] 黎宏华：《鄱阳湖生态经济区的生态补偿机制建设研究》，华东师范大学学术论文，2013 年。

[4] 雷慧敏：《鄱阳湖生态经济区城镇化与区域生态风险耦合关系研究》，东华理工大学学术论文，2016 年。

[5] 《鄱阳湖》，个人图书馆，2014 年 6 月 14 日。

部制造业重要基地和中国三大创新地区之一，具有发展生态经济、促进生态与经济协调发展的良好条件。近年来，作为江西省经济的核心地区，鄱阳湖生态经济区的经济增长取得了显著成就，具体如表 4 - 6 所示。2017 年末该区域总人口为 2121.6 万人，占江西省总人口的 45.9%；城镇化率不断提高，从 2009 年的 21.6%，增加到 2017 年的 57%，超过江西省城镇化水平的 2.4%；地区生产总值（GDP）10470.87 亿元，占江西省总产值的 52.34%，人均地区生产总值 49354 元，超过江西省人均生产总值 6070 元；地方财政收入 1352.24 亿元，占全省总量的 39.22%；产业结构不断优化升级，三次产业结构调整为 8.5∶47.9∶43.6，其中第一产业产值突破 889.6 亿元，第二产业产值突破 5013.1 亿元；第三产业产值突破 4568.2 亿元；固定资产投资大幅增加，投资约为 9881.44 亿元；社会消费品零售总额突破 3850.8 亿元，人均社会消费品零售总额高于 18150 元。农村居民人均可支配收入为 14905 元，城镇居民人均可支配收入为 32031.76 元，均超过江西省平均水平。① 可见，鄱阳湖生态经济区社会经济发展水平明显高于全省平均水平，具有良好的发展基础和发展潜力。以鄱阳湖生态经济区为调研对象，分析该区域种稻户专业化统防统治采纳意愿与采纳行为，有利于深入分析其水稻种植的发展趋势及其对江西省乃至南方稻作区粮食安全的影响，为政府制定相关农业政策提供参考依据。

表 4 - 6　　　　2017 年鄱阳湖生态经济区与全省主要社会经济指标的比较

指标	鄱阳湖生态经济区	江西省	占全省比例（%）
土地面积（万平方千米）	5.12	16.7	30.69
总人口（万）	2121.6	4622.06	45.9
城市化率（%）	57	54.6	—
地区 GDP（亿元）	10470.87	20006.31	52.34

① 资料来源：作者根据江西各区县市 2017 年国民经济与社会发展统计公报整理所得。

指标	鄱阳湖生态经济区	江西省	占全省比例（%）
财政收入（亿元）	1352.24	3447.72	39.22
固定资产投资（亿元）	9881.44	22085.34	44.74
全社会消费品零售总额（亿元）	3850.8	7448.09	51.7
农村居民人均可支配收入（元）	14905	13241.82	—
城镇居民人均可支配收入（元）	32031.76	31198.06	—

资料来源：根据《2018 江西省统计年鉴》和鄱阳湖生态经济区各县（区、市）2017 年国民经济与社会发展统计公报整理，缺失数据修正后所得。

4.3.3 农业发展概况

鄱阳湖生态经济区属于亚热带湿润气候，一年中夏冬季长，春秋季短，无霜期长，四季分明，丰富的农业资源和众多的农业人口使得鄱阳湖生态经济区在江西省的农业生产中占据重要地位。特殊的地域条件和优良的气候条件使得鄱阳湖生态经济区土质肥沃、耕作条件良好，成为著名的"鱼米之乡"。2016 年，鄱阳湖生态经济区全区土地总面积为 51190.717 平方千米，其中农用地面积为 37637.017 平方千米，占全区土地面积的 73.5%[1]。如表 4-7 所示，2017 年，鄱阳湖生态经济区农作物总播种面积为 31510.80 平方千米，占江西省农作物总播种面积的 56.30%，其中粮食播种面积为 17746.20 平方千米，占江西省粮食播种面积的 46.87%；粮食产量为 11322847 吨，占江西省粮食产量的比例为 50.96%；水稻播种面积为 16404.40 平方千米，占江西省水稻播种总面积的 46.81%；水稻产量为 10665566 吨，占江西省水稻产量的 50.16%。鄱阳湖生态经济区农业基数大，农产品种类多样，水稻、油料作物以及水产的发展尤为突出，农业机械化水平高，农业产业化势态良好。

---

① 肖素芳：《基于计量分析的鄱阳湖生态经济区人口—耕地—粮食耦合关系研究》，江西师范大学学术论文，2016 年。

表 4 - 7　　　　　2017 年鄱阳湖生态经济区与全省主要农业指标的比较

指标	鄱阳湖生态经济区	江西省	占全省比例（%）
农作物播种面积（平方千米）	3151080	5596910	56.30
粮食播种面积（平方千米）	1774620	3786320	46.87
水稻播种面积（平方千米）	1640440	3504690	46.81
粮食产量（吨）	11322847	22217300	50.96
水稻产量（吨）	10665566	21261500	50.16

资料来源：根据《2018 江西省统计年鉴》和鄱阳湖生态经济区各市 2018 年统计年鉴整理，缺失数据修正后所得。

4.4　本章小结

　　本章主要说明了本书的调研设计情况和数据来源。首先介绍了本书的调研过程。第一，通过查阅文献和请教专家，初步拟定问卷调查的主要问题和选项。第二，确定问卷数据的类型。第三，确定调研对象。以鄱阳湖生态经济区农户作为本书的调研对象。第四，预调研与确定问卷最终稿。组织学生预调研，通过预调研发现的问题，修正和补充调研问卷。第五，正式调研。

　　其次介绍了本书的调研内容、调研农户的选择和样本户的基本情况。其中，调研内容包括农户的基本特征情况（个人特征情况和家庭特征情况）、农户生产经营特征情况和认知特征情况；调研农户来自 20 个县（市、区）26 个乡（镇）的 40 个自然村，每个村随机抽取 20 户进行调研，共发放问卷 800 份，收回问卷 762 份，经剔除缺省等不合格问卷，获得有效问卷 692 份，问卷有效率为 86.5%。

　　最后介绍了样本地区的地理位置及自然条件、社会经济条件、农业发展概况。鄱阳湖生态经济区位于长三角地区、珠三角地区、闽东南三大经济发达地区的中心位置，是中部地区正在加速形成的重要增长极，已被国家列为世界性生态文明与经济社会发展协调统一、人与自然和谐相处的生态经济示范区和中国低碳经济发展先行区。该区域属于亚热带湿润气候，一年中夏冬季长，无霜期长，具有丰富的农业资源、优良的经济基础和发展潜力，分析该区域农户专业化统防统治采纳决策对完善农业生产社会化服务体系具有重要的理论价值和现实意义。

第 **5** 章

鄱阳湖生态经济区水稻种植及病虫害发生和防治情况

5.1 鄱阳湖生态经济区水稻种植情况

5.2 鄱阳湖生态经济区水稻病虫害发生情况

5.3 鄱阳湖生态经济区水稻病虫害防治情况

5.4 本章小结

优越的自然条件使农业成为鄱阳湖生态经济区的重要支撑，其中农业又在农、林、牧、副、渔五大生产事业中占据主导地位。近年来，鄱阳湖生态经济区农业发展比较稳定，整体而言有所涨势，形成粮食作物生产为主，油料作物和蔬果生产为辅，同时引入棉花和糖料作物种植的农业生产格局。随着鄱阳湖生态经济区农业的稳步发展，现代机械科技的不断推广，农业产业结构逐步得到调整，现代农业科技示范园得以不断建设，日益深刻地影响着鄱阳湖生态经济区农业的大发展方向。本书通过对鄱阳湖生态经济区水稻种植及病虫害的防治，对进一步丰富鄱阳湖生态经济区农业的可持续发展等相关研究具有理论意义。

5.1 鄱阳湖生态经济区水稻种植情况

鄱阳湖生态经济区是南方主要粮食生产基地，其粮食种植的主要管理单元为农户，粮食产量容易受到洪水、农业投入产出比、政策等因素的影响。水稻是鄱阳湖生态经济区最主要的粮食作物，作为世界稻作文化发源地、中国贡米之乡的万年县，就是鄱阳湖生态经济区的核心区域之一。鄱阳湖生态经济区水稻生产的主要类型有双季早籼稻、双季晚籼稻、一季中籼稻、一季晚籼稻。其中，双季早籼稻作为食用的品质较差，但作为米粉、酿酒加工用，其品质较好，双季晚籼、一季晚籼作为食用品质较好（邱友生，2004）。2017年该区水稻播种面积和产量均达到了全区粮食总播种面积和总产量的90%~95%，具体如表5-1和表5-2所示。

表 5-1　　　2017 年鄱阳湖生态经济区各县（市、区）粮食
和水稻播种面积　　　　　　　单位：平方千米

经济区		粮食播种面积	水稻播种面积
南昌市	南昌县	1292.59	1275.89
	进贤县	867.53	776.44
	安义县	279.31	257.06
	东湖区	2.85	2.85
	西湖区	—	—
	青云谱区	—	—
	湾里区	20.91	19.89
	青山湖区	13.34	13.34
	新建区	914.02	872.61
九江市	彭泽县	178.01	153.10
	武宁县	285.95	181.93
	浔阳区	—	—
	濂溪区	42.90	31.81
	瑞昌市	182.25	121.29
	共青城市	61.33	57.18
	庐山市	97.34	75.28
	柴桑区	150.03	68.30
	德安县	98.05	78.31
	永修县	370.77	354.78
	湖口县	181.72	162.18
	都昌县	696.38	564.55
上饶市	鄱阳县	1731.61	1667.28
	万年县	478.73	470.06
	余干县	1332.49	1318.93
新余市	渝水区	523.46	486.82
抚州市	东乡县	481.02	455.36
	临川区	1063.25	999.18
宜春市	丰城市	1678.20	1568.20
	高安市	1106.47	1029.33
	樟树市	851.53	827.07

续表

经济区		粮食播种面积	水稻播种面积
吉安市	新干县	572.60	528.94
鹰潭市	余江区	479.48	448.09
	贵溪市	694.81	636.58
	月湖区	44.24	42.68
景德镇市	浮梁县	288.89	225.91
	珠山区	0.43	0.43
	昌江区	50.17	48.27
	乐平市	633.54	584.48
合计		17746.20	16404.40

资料来源：相关设区市 2018 年统计年鉴。

表 5-2　　　　　　　**2017 年鄱阳湖生态经济区各县（市、区）**
粮食总产量和水稻产量　　　　　　单位：吨

经济区		粮食总产量	水稻产量
南昌市	南昌县	93679	928588
	进贤县	576284	526551
	安义县	212859	172138
	东湖区	1697	1697
	西湖区	—	—
	青云谱区	—	—
	湾里区	12367	11884
	青山湖区	8004	8004
	新建区	675691	611465
九江市	彭泽县	112721	105057
	柴桑区	94449	49218
	德安县	65597	56641
	永修县	260144	252589
	湖口县	107945	98378
	都昌县	436624	353512
	武宁县	153616	115802
	浔阳区	—	—

续表

经济区		粮食总产量	水稻产量
九江市	濂溪区	23601	20145
	瑞昌市	100601	74656
	共青城市	52538	49037
	庐山市	60513	49703
上饶市	鄱阳县	946958	928600
	余干县	751522	746300
	万年县	262600	260200
新余市	渝水区	332822	320409
抚州市	东乡县	323467	313646
	临川区	722351	687149
宜春市	丰城市	1053400	1017400
	高安市	700500	674800
	樟树市	548400	539400
吉安市	新干县	379566	361943
鹰潭市	余江区	305293	290495
	贵溪市	413097	397991
	月湖区	28967	27718
景德镇市	浮梁县	196337	170129
	昌江区	33614	32980
	乐平市	431615	411033
	珠山区	308	308
合计		11322847	10665566

资料来源：相关设区市 2018 年统计年鉴。

从表 5 - 1 中可以看出，2017 年鄱阳湖生态经济区粮食的播种面积是 17746.20 平方千米，其中水稻的播种面积是 16404.40 平方千米，占比达 92.44%。水稻播种面积排在前 5 的分别是鄱阳县、丰城市、余干县、南昌县、高安市。

从表 5 - 2 中可以看出，鄱阳湖生态经济区粮食的总产量是 11322847 吨，其中水稻的总产量是 10665566 吨，占比达 94.20%。水稻产量排在前 5 的分别是丰城市、鄱阳县、南昌县、余干县、临川区。

鄱阳湖是对南方稻作区，乃至中国有着重要生态意义的区域，发展生态农业是建设鄱阳湖生态经济区的重要内容。因此，有必要转变水稻生产方式，促进水稻生产的高质高效，提升水稻生产竞争力，打造稻米区域品牌，以促进南方稻作区水稻产业的可持续发展。

 ## 5.2 鄱阳湖生态经济区水稻病虫害发生情况

调查结果显示，2019 年二化螟冬后基数高，全省亩虫量平均为 6558 条，较 2018 年 7446 条减少 12%，但仍大大超过重发生基数，修水、南昌、万年等地亩平均超过 2 万条，永修、南昌、吉水最高基数达 7.9 万 ~ 8.8 万条；纹枯病为我省常发重发病害，田间菌源充足。稻飞虱迁入时间早，2019 年 3 月 25 日于都县白背飞虱灯下虫量达 42 只。早稻、优质稻等主栽品种易感稻瘟病，常规稻种植面积增加，稻瘟病暴发流行风险大；机割稻桩高，有利于二化螟顺利越冬；直播田面积增加，农户偏施氮肥，田间郁闭，有利于纹枯病、稻飞虱等病虫发生为害[①]。早稻的主要病虫害发生大概情况如表 5 - 3 所示。

表 5 - 3　　　　　　　　　　早稻主要病虫害发生情况

病虫害名称	发生程度	发生面积
二化螟	一代重发生；二代中等发生	一代为 75%；二代为 40%
稻飞虱	中等发生	30%
稻纵卷叶螟	一代轻发生；二代中等发生	20%
稻瘟病	叶瘟中等发生；稻瘟中等发生	叶瘟为 8%；稻瘟为 5%
纹枯病	重发生	80%
农田鼠害	中等发生	20%

资料来源：《2019 年全省早稻主要病虫害发生趋势预报》，江西省农业农村厅，2019 年 4 月 10 日。

---

① 《2019 年全省早稻主要病虫害发生趋势预报》，江西省农业农村厅，2019 年 4 月 10 日。

2019 年中稻二代二化螟田间亩残存虫量全省平均 1750 条, 较 2018 年增加 96%, 吉水最高达 26000 条。同年 7 月下旬中稻田稻飞虱百丛虫量一般为 200~1600 只, 较去年同期增加 35%, 宜黄、铜鼓、上饶、修水、瑞昌等地高达 3800~5200 只。稻纵卷叶螟田间亩蛾量一般为 300~1200 只, 全省平均 720 只, 较去年同期增加 63%, 高达 2000~7000 只, 龙南、永新、安福、贵溪等地最高达 12750~18600 只, 卷叶率一般在 0.7%~6.5%, 丰城最高为 19%, 均高于 2018 年。宜春、抚州、九江局部中稻叶瘟病叶率达 13%~27%, 其中急性病斑占 25%~36%。[1] 早稻纹枯病偏重发生, 田间菌源基数高。中稻以优质高产品种为主, 抗病性弱, 氮肥施用偏多, 田间郁闭, 有利于纹枯病、稻曲病等病害发生。中稻栽插时间和生育期不一, 有利于稻飞虱、稻纵卷叶螟迁移和二化螟辗转为害。中稻的主要病虫害发生情况如表 5-4 所示。

表 5-4   中稻主要病虫害发生情况

病虫害名称	发生程度	发生面积（%）
稻飞虱	偏重发生	55
稻纵卷叶螟	中等发生, 局部偏重发生	40
二化螟	偏重发生	45
纹枯病	偏重发生	65
稻瘟病	偏轻发生, 局部中等发生	5
稻曲病	中等发生	20

资料来源:《2019 年全省早稻主要病虫害发生趋势预报》, 江西省农业农村厅, 2019 年 4 月 10 日。

晚稻主要病虫害 2019 年总体呈偏重发生态势, 重于 2018 年, 其中稻飞虱、二化螟、纹枯病偏重发生, 局部重发生; 稻纵卷叶螟中等发生, 局部偏重发生[2]。晚稻的主要病虫害发生大概情况如表 5-5 所示。

---

[1] 《2019 年全省早稻主要病虫害发生趋势预报》, 江西省农业农村厅, 2019 年 4 月 10 日。
[2] 《2019 年全省晚稻主要病虫害发生趋势预报》, 江西省农业农村厅, 2019 年 8 月 5 日。

表 5 - 5 晚稻主要病虫害发生情况

病虫害名称	发生程度	发生面积（%）
稻飞虱	偏重发生，局部重发生	65
稻纵卷叶螟	中等方式，局部偏重发生	35
二化螟	偏重发生	40
纹枯病	偏重发生，局部重发生	80
稻瘟病	偏轻发生，局部偏重发生	15
稻曲病	中等发生	20
南方水稻黑条矮缩病	偏轻发生，局部中等发生	5

资料来源：《2019 年全省晚稻主要病虫害发生趋势预报》，江西省农业农村厅，2019 年 8 月 5 日。

可见，江西省尤其是鄱阳湖生态经济区水稻病虫害整体偏重发生，且直播稻田是抗药性杂草的重灾区，随着抗药性杂草种类多、抗药性水平正在不断上升，发生面积正在扩大，危害将进一步加大，因此，有必要大力推进水稻专业化统防统治。

5.3 鄱阳湖生态经济区水稻病虫害防治情况

鄱阳湖生态经济区目前农业生产主要以家庭承包联产形式为主，水稻主要为分散种植，大多数农民都是采取粗放型经营方式。目前，鄱阳湖生态经济区水稻病虫害防治模式主要有两种：一种是分散的病虫防治模式，即由种稻户自行分散打药；另一种是专业化统防统治。

5.3.1 分散的病虫防治

在分散的病虫防治模式下种稻户主要是凭经验进行防治，缺乏科学的农业生产知识，在水稻病虫防治工作中为了达到防治效果，往往会随时加大用药剂量，盲目和过量使用农药的现象时有发生。而且还存在较为普遍的施用水量普遍不足、药剂用量偏高、药剂品种轮换不够、药剂选用不当和施药器械落后等问题。可见，种稻户自行防治的成本高、效率低、防治效果欠佳、农业面源污染比较严重。

5.3.2 专业化统防统治

专业化统防统治，既由专业化统防统治组织实行农药统购、统供、统配和统施，规范田间作业行为，达到统一预防和治理农作物病虫害目的的承包服务行为。虽然鄱阳湖生态经济区水稻专业化统防统治取得了一定的发展，但专业化统防统治面积还较低，距离现代化生态农业发展的要求还有比较大的差距。

5.3.2.1 发展背景

1981 年，农村实行家庭联产承包责任制后，沿用 20 多年的防治病虫体制随之解散，防治病虫体制由社队统一防治改为农户分散喷药防治。但 1983 年中央一号文件（《当前农村经济政策的若干问题》）明确指出，"以分户经营为主的社队，要随着生产发展的需要，按照互利的原则，办好社员要求统一办的事情，如机耕、水利、植保、防疫、制种、配种等，都应统筹安排，统一管理，分别承包，建立制度，为农户服务"，这里提及的"植保""统筹安排，统一管理，分别承包，建立制度"具有专业化防治的雏形①。随后，1983 年 5 月 23 日，国家经济委员会、农牧渔业部、财政部、商业部、化学工业部、机械工业部、中国农业银行联合发布《关于积极扶持发展植保公司的联合通知》，明确提到了"专业防治"这个名词。这个联合通知对专业防治的组织形式、组织发展情况、经济效

---

① 《中共中央关于印发〈当前农村经济政策的若干问题〉的通知》，宣讲家网，2011 年 9 月 30 日。

益、社会效益、扶持政策等做了比较详细的介绍。在政府倡导、扶持下，专业化防治组织在 20 世纪 80 年代得到了较大的发展。江西德安县、瑞金市，安徽广德县，甘肃庆城县，贵州省平坝县等在内的全国大部分地区都成立了植保公司或植物医院，在乡村开展植保机防队服务工作，推广病虫害统防统治工作。但由于当时农村经济单一、封闭、落后，农民以务农为主，外出打工者甚少，专业化防治的优势不被农民看好，植保机防队防治面积小、效益低，加之农民对病虫害防治缺少科学认识，植保公司和农户对专业化防治的效果等难以达成共识，纠纷较多，大部分植保公司随之夭折。

2005 年以来，我国南方大部分地区气候异常，导致农作物病虫害严重发生。尤其是水稻病虫发生严重，晚稻前中期以褐飞虱、稻纵卷叶螟为主的迁飞性害虫发生早、峰次多、虫害大，在大部分地区达到大发生程度，褐飞虱对主打药剂吡虫啉产生严重的抗药性，防治效果下降，造成水稻后期窜顶、倒伏，严重减产，危及粮食生产安全。针对虫害发生面广、危害大的特点，各级政府要求以县（市、区）、乡镇为单位统一部署、统一发动、统一时间，集中防控，提高防治效率。植保部门因势利导，积极，创新病虫害防治的组织形式和机制，探索建立多样化的植保病虫防治的形式（虞轶俊等，2009）。为适应现代农业发展要求，提升病虫防治的组织化和规模化水平，2008 年《中共中央 国务院关于切实加强农业基础建设进一步促进农业发展农民增收的若干意见》提出"探索建立专业化防治队伍，推进重大植物病虫害统防统治"①，开始探索专业化防治工作。经过 2 年的摸索，2010 年《中共中央 国务院关于加大统筹城乡发展力度进一步夯实农业农村发展基础的若干意见》明确提出"大力推进农作物病虫害专

---

① 《2008 年中央一号文件：中共中央 国务院关于切实加强农业基础建设进一步促进农业发展农民增收的若干意见》，中华人民共和国农业农村部网站，2012 年 2 月 15 日。

业化统防统治"，对专业化防治工作提出了更高的要求①。2010 年 4 月，农业部在河南郑州召开全国植保工作会议，为在更大规模、更广范围、更高层次上深入推进农作物病虫害专业化防治，会议期间启动了全国开展农作物病虫害统防统治"百千万行动"，力争通过若干年的努力，实现主要作物、重点地区、重大病虫统防统治全覆盖，逐步建立一批拉得出、用得上、打得赢的专业化防治队伍，使之成为重大病虫防控的主导力量，全面提升农作物重大病虫灾害防控能力，专业化防治迎来了新的发展契机。

南方稻作区是中国水稻最大的生产区域，同时也是水稻病虫害的重发区，水稻病虫害的防治任务非常艰巨。为了有效控制水稻病虫害，实现农业部"到 2020 年农药零增长"目标，近年来，江西省、湖南省、浙江省等地都在大力推广水稻专业化统防统治。截至 2017 年底，江西省农作物病虫害防治农药使用量连续 3 年减少，统防统治覆盖率逐年提升②。湖南省计划到"十三五"末，培训专业化统防统治服务组织负责人 2000名、专业化统防统治基层服务站长 20000 名③。浙江省顺应形势，因势利导，率先在全国开展水稻专业化统防统治财政专项补贴，截至 2017 年，省级财政补助资金累计约 5.4 亿元，地方配套补助资金累计约 5.6 亿元④。

5.3.2.2 发展现状

（1）专业化防治组织的数量及防治面积⑤。

鄱阳湖生态经济区已注册的专业化统防统治组织有 1042 个，约占全

---

① 《2010 年中央一号文件（全文）》，中华人民共和国农业农村部网站，2010 年 2 月 1 日。
② 钟玲、郭年梅、施伟韬等：《江西水稻农药减量技术集成优化与推广应用》，载《中国植保导刊》2019 年第 5 期。
③ 汪建沃：《敢问路在何方 湖南专业化统防统治现状与未来》，农药快讯信息网，2016 年 9 月 1 日。
④ 姚晓明等：《浙江省农作物病虫害专业化统防统治实践与发展对策》，载《中国植保导刊》2018 年。
⑤ 资料来源：笔者根据江西省农业农村厅植保局工作人员提供资料整理。

省专业化统防统治总量的 60.7%，其中达到"七化"标准（运作市场化、人员专业化、管理制度化、技术标准化、装备现代化、操作规范化、服务全程化）的专业统防统治组织 194 家，经过培训的人员达到 1.92 万人，占从业人员的 89%，其中 1080 余名专业防治人员通过职业技能鉴定获得农作物植保员职业资格。全省植保站、植保局共有 107 个，其中 70% 集中在鄱阳湖生态经济区。全区拥有大中型高效植保机械 7000 余台套，日作业能力 83 万亩，其中自走式喷杆喷雾机 490 余台，植保无人机 1600 余台，比 2016 年分别增加 43% 和 127%。

（2）专业化防治的组织形式。

按照农业部"政府扶持，群众自愿，因地制宜，循序渐进"的原则，鼓励和扶持发展各种形式的以农民为主体的专业化统防统治组织。据调查统计①，根据专业化防治组织的登记注册方的性质，鄱阳湖生态经济区专业化统防统治组织主要有以下 7 种形式。

① 专业合作社和协会型。按照农民合作社的要求，把大量分散的机手组织起来，形成一个有法人资格的经济实体，专门从事专业化防治服务。或由种植业、农机等专业合作社，以及一些协会，组建专业化防治队伍，拓展服务内容，提供病虫专业化防治服务。

② 企业型。成立股份公司把专业化防治服务作为公司的核心业务，从技术指导、药剂配送、机手培训与管理、仿效检查、财务管理等方面实现公司化的规范运作。或由农药经营企业购置机动喷雾机，组建专业化防治队，不仅为农户提供农药销售服务，同时还开展病虫专业化防治服务。

③ 大主导型。主要由种植大户、科技示范户或农技人员等"能人"创办专业化防治队，在进行自身田块防治的同时，为周围农民开展专业化防治服务。

---

① 农业部种植业管理司：《农作物病虫害专业化统防统治指南》，中国农业出版社 2015 年版。

④ 村级组织型。以村委会等基层组织为主体，或组织村里零散机手，或统一购置机动药械，统一购置农药，在本村开展病虫统一防治。

⑤ 农场、示范基地、出口基地自有型。一些农场或农产品加工企业，为提高农产品的质量，越来越重视病虫害的防治和农产品农药残留问题，纷纷组建自己的专业化防治队，对本企业生产基地开展专业防治服务。

⑥ 互助型。在自愿互利的基础上，按照双向选择的原则，拥有防治机械的机手与农民建立服务关系，自发地组织在一起，在病虫防治时期开展互助防治，主要是进行代治服务。

⑦ 应急防治型。这主要是应对大范围发生的迁飞性、流行性重大病虫害，由县级植保站组建的应急专业防治队，主要开展对公共地带的公益性防治服务，在保障农业生产安全方面发挥着重要作用。

（3）专业化防治组织的服务方式。

专业化统防统治组织的服务方式主要有代防代治服务、阶段承包防治服务、全程承包防治服务以下 3 种。

① 代防代治。专业化防治组织为服务对象施药防治病虫害，收取施药服务费，一般每亩收取 4~6 元。农药由服务对象自行购买或由防治组织统一提供。这种服务方式，专业化防治组织和服务对象之间一般无固定的服务关系。这种方式简单易行，不需要组织管理，收费容易，不易产生纠纷。但仅能解决劳动力缺乏的问题，无法确保实现安全、科学、合理用药。且由于现有的植保机械还是半机械化产品为主，要靠人背负或手工辅助作业，机械化程度和功效低。作业辛苦，劳动强度大；作业规模小，收费低，收益不高，难以满足通过购买机动喷雾机，为他人提供服务而赚取费用的需求。现有的植保机械技术含量不高，作业质量受施药人员水平影响大。

② 阶段承包防治。专业化防治组织与服务对象签订服务合同，承包部分或一定时段内的病虫防治任务。

③ 全程承包防治。专业化防治组织根据合同约定，承包作物生长季节所有病虫害的防治任务。全程承包与阶段承包具有共同的特点，即专业化防治组织在县植保部门的指导下，根据病虫发生情况，确定防治对象、用药品种、用药时间，统一购药、统一配药、同一时间集中施药，防治结束后由县植保部门监督进行仿效评估。承包防治方式收取的费用不能比农民自己防治的成本高很多，防治用工费全部要支付给机手。现在运行较好的专业化防治组织，主要是靠农药的销售和包装差价盈利。专业化防治组织是根据往年的平均防治次数收取承包防治费的，当有突发病虫或某种病虫暴发危害需要增加防治次数时，当作物后期遭受自然灾害时，承受的风险很大。

2017 年鄱阳湖生态经济区统防统治 1570 万亩，统防统治作业面积 3900 万亩次，其中，全程承包防治服务面积约占专业化统防统治总面积的 56%[①]。

（4）专业化防治取得的成效。

专业化统防统治的发展改变了农村传统的分散防治模式，而由具备相应植物保护专业技术和设备的合法专业化服务组织按照现代农业发展要求，对农作物进行统一防治。与传统的分散防治相比，专业化统防统治可以显著提高水稻重大病虫害的应急防控能力，提升防治效率和防治效果，丰富和强化病虫害安全防控的技术手段，总体成效可分为经济效益、社会效益、生态效益。

经济效益。通过对样本区域的调研，对比分析专业化统防统治采纳样本户与专业化统防统治未采纳样本户的水稻亩产量、施药成本和施药次数。结果反映出专业化统防统治未采纳样本户水稻亩产量的均值是 512.88 公斤，专业化统防统治采纳样本户水稻亩产量的均值是 570.49 公斤，高于未采纳样本户 11.23%；专业化统防统治未采纳样本户施药成本

---

① 资料来源：笔者根据江西省农业农村厅植保局工作人员提供资料整理。

的均值是 93.42 元/亩，专业化统防统治采纳样本户施药成本的均值是 70.91 元/亩，低于未采纳样本户 24.10%；施药次数减少 1~2 次。在水稻专业化统防统治示范区，杀虫效果和治病效果都达到了 90% 左右。例如，南昌县、丰城市、鄱阳县等县（市）水稻病虫害专业化统防统治示范区与农民自防区相比，防治效果提高 10~15 个百分点，防治效率提高 10~40 倍甚至上百倍。

社会效益。水稻专业化统防统治一方面因其严格规范农药使用的各个环节，做好农药进出台账和田间用药档案，在源头上禁止使用假冒伪劣、高毒高残留农药在水稻上的使用，这在一定程度上降低了农药使用的风险，确保了人畜安全、农业生产安全和农产品安全；另一方面又有效解放了农村青壮年劳动力，解决了农村年轻劳动力短缺、留守劳动力弱、用药不科学及防治效率低、防治效果差等问题，这在一定程度上促进了农村劳动力的非农转移，可以让农村青壮年劳动力无后顾之忧地投入到非农生产中。

生态效益。一方面，传统分散防治的施药器械较为落后，主要是采用手动喷雾器，只有小部分农药粘附在农作物上，农药有效利用率低、防治效果差，其余大部分农药直接散落到土壤中、空气中，造成土壤、水、大气污染；且大部分农民文化程度较低，对新事物、新技术、新生产方式的理解和接受能力较低，还存在使用高毒高残留、用错药剂、农药包装随手乱扔、残留药剂乱倒的现象，影响生态环境和人类身体健康。另一方面，专业化统防统治使用的主要是高效机动施药器械，以鄱阳湖生态经济区为例，使用的自走式喷杆喷雾机有 490 余台，植保无人机有 1600 余台①，其施药量更少、防治效率更高；且机防人员都是经过培训上岗，科学合理施药，严把农药质量关，掌握病虫防治适期和农药安全间隔期，避免了见虫就打、重复施药的现象；对农药包装物进行回收处理，

① 资料来源：笔者根据江西省农业农村厅植保局工作人员提供资料整理。

有效解决了农药包装的污染问题。因此，水稻专业化统防统治降低了农药对环境的污染，减少了对田间有益生物的危害，改善了农田生态环境，生态效益显著。

5.3.2.3　存在问题

（1）农户对专业化统防统治认知不够。

在本次调研中，新余市渝水区、宜春市高安市有一小部分农户反映"没有听说过专业化统防统治"，因此这些农户难以对专业化统防统治产生有效的采纳意愿。还有部分农户虽然采纳了专业化统防统治，但由于对专业化统防统治缺乏深入的了解，当特殊气候导致病虫重发或防治效果不理想时，他们就会和统防统治组织发生矛盾和纠纷。

（2）缺乏高效适用的植保器械。

鄱阳湖生态经济区专业化统防统治区现有的植保器械主要是以电动喷雾器为主。担架式喷雾器药液流量大，药液雾滴漂移流失严重；背负式电动喷雾机要借助背负或手工辅助作业，作用面积大、雾化强度大，但使用年限短、维修难且费用较高；机动喷雾器虽然防治效率和效果较好，但价格高、自重和噪音大、机温高，机手使用不方便。虽然部分服务组织引进了自走式喷雾机、无人植保机等先进器械，但实际操作过程中仍然存在一定的问题。自走式喷雾机药液箱容量大、自重轻、续航时间长、防治效率高、操作简单，但其重心不稳、喷头易堵塞；无人植保机虽然安全高效、喷洒均匀、省水省药、适用面广，但其载重小、续航时间短、对稻田集中性要求高。因此，适合我国水稻生产的便捷高效减量低污染的植保器械已成为环境友好型农业可持续发展的客观需求。

（3）防治组织抵御风险能力弱。

水稻病虫害的发生具有不可预见性的特点，当发生突发性病虫、旱涝灾害等时，专业化统防统治组织的防治风险就会增加，从而增加其防治成本，影响其承包服务的收益。而且，机防人员在高温期连续、长时间作业很容易中毒、中暑，甚至发生其他意外，这都会给专业化统防统治组织带来重大损失甚至亏损解体。

（4）从业人员流动性大。

通过调研发现，鄱阳湖生态经济区的大部分农村青壮年劳动力都外出务工，且机防人员待遇低，与当地一般体力劳动者工钱差不多，还要冒着农药中毒风险，作业时间又不长，不具备什么吸引力，以致机防人员流动性较大。以湖口县为例，机手辛苦一天，收入也就120元左右，机防人员基本都是60岁以上的留守老人，他们的文化水平有限，对新知识、新事物的接受能力较差，以至安全用药水平有限，这在一定程度上制约了专业化统防统治的发展。

（5）政府扶持力度有待加大。

病虫害防治在农业生产环节属于劳动强度最大、用工量最多、技术要求最高、任务最重的环节。农民在自行防治时一般不考虑自我的用工成本，但是在采纳专业化统防统治时，却要缴纳用工费用，这在一定程度上会影响农户的采纳意愿，因此，政府可通过财政补贴等方式来提高农户采纳的积极性。江西省已出台了对专业化统防统治组织的扶持政策，也给予了财政资金的支持，但投入力度有限，难以保障专业化统防统治组织的发展效果。目前，财政支持力度最大的浙江省，参加专业化防治的补贴标准也只有每亩40元，在劳动力、农资价格齐涨的背景下，其对专业化统防统治的推动作用非常有限。

5.4 本章小结

首先，本章介绍了鄱阳湖生态经济区的水稻种植情况。作为南方主要粮食生产基地，鄱阳湖生态经济区水稻生产的主要类型有双季早籼稻、双季晚籼稻、一季中籼稻、一季晚籼稻。2017 年全区水稻种植面积和产量均达到了全区粮食总面积和总产量的 90%~95%。

其次，本章介绍了鄱阳湖生态经济区的水稻病虫害发生情况。2018 年鄱阳湖生态经济区水稻病虫害偏重发生，其中二化螟、纹枯病偏重发生，局部偏重发生。随着抗药性杂草种类多、抗药性水平不断上升，区域病虫害发生面积呈现扩大的趋势。因此，水稻迫切需要开展专业化统防统治服务。

最后，本章介绍了鄱阳湖生态经济区病虫害防治情况。鄱阳湖生态经济区水稻病虫害防治包括分散防治和专业化统防统治两种防治模式。进一步地，本章还介绍了专业化统防统治的发展背景、发展现状和存在的问题。目前，鄱阳湖生态经济区已注册的专业化防治组织有 1042 个，经过培训的人员达到 1.92 万人；专业化防治组织有代防代治、阶段承包防治和全程承包防治 3 种服务方式，而全程承包防治服务面积约占专业化统防统治总面积的 56%；专业化统防统治虽然可以提高水稻病虫害的防治效率和防治效果，但也存在诸如农户认知不够、缺乏高效适用的植保器械、从业人员流动性大等问题。鉴于此，本书亟须探讨解决这些问题的对策。

第 **6** 章

农户专业化统防统治采纳意愿分析

6.1 农户专业化统防统治采纳意愿的影响因素

6.2 模型构建和变量选取

6.3 农户专业化统防统治采纳意愿分析

6.4 农户专业化统防统治采纳意愿的影响因素分析

6.5 本章小结

第 5 章从理论上介绍了水稻专业化统防统治的发展背景，分析了水稻专业化统防统治的发展现状和存在问题。本章将在第 4 章理论分析的基础上利用微观水稻种植农户调研数据进行实证探讨，从而分析影响农户专业化统防统治采纳意愿的影响因素。农户专业化统防统治采纳意愿有两种情况："愿意"或"不愿意"。这实质上是一个二元选择问题。因此，本章拟采用二元 Logistic 模型分析水稻种植农户专业化统防统治采纳意愿。

 6.1 农户专业化统防统治采纳意愿的影响因素

根据已有研究成果，并结合调研的实际情况，本章拟从户主个人特征、家庭特征、生产经营特征和认知特征四个方面共 14 个变量来分析农户专业化统防统治采纳意愿，提出以下理论假设。

1. 户主个人特征

户主个人特征包括性别、年龄、文化程度、社会身份。

（1）性别。关于性别对病虫害专业化统防统治采纳意愿的影响有 2 种观点：一种观点认为，女性一般较保守，采纳新技术的意愿也较低，男性在获取影响技术采纳行为的劳动力、信息等资源时更具优势（蔡书凯，2011）；另一种观点认为，病虫害防治作业对劳动者体能有一定要求，因此女性农户可能更倾向采纳病虫害专业化统防统治服务（徐斌，2013）。因此，本书假设 6 - 1：农户性别影响其专业化统防统治采纳意愿的方向待定。

（2）年龄。年龄越大的农户，思想观念越趋于传统和保守，受传统农业生产方式的影响较深，对新知识、新技能、新事物的接受度较低。因此，本书假设 6 - 2：农户年龄负向影响其专业化统防统治采纳意愿。

（3）文化程度。文化程度的高低意味着素质水平的高低、知识面的宽窄、环保意识的强弱等。文化程度越高，对新事物、新知识、新技术的理解能力越透彻，视野越开阔，接受速度越快。因此，本书假设6-3：农户文化程度正向影响其专业化统防统治采纳意愿。

（4）社会身份。社会身份，包括农户是否党员或村（乡、镇）干部。农村党员不仅是联系服务群众的桥梁和纽带，而且是带领群众增收致富，发展农村经济的中坚力量，在农村经济社会发展中发挥模范带头作用。村（乡、镇）干部处在农村工作的第一线，是党和国家各项路线、方针、政策的直接宣传者、组织者和推动者，他们具备较强的逻辑思维判断能力和致富带富能力，担负着推进专业化统防统治的重任。因此，本书假设6-4：农户的社会身份正向影响其专业化统防统治采纳意愿。

2. 家庭特征

家庭特征包括家庭务农人数、非农收入占总收入的比重、水稻种植年限和水稻种植面积。

（1）务农人数。农户家庭中的务农人数越少，其在农业生产中的劳动要素价格就越高，就越愿意用资本、技术等其他要素来代替劳动，从而就愿意采纳病虫害专业化统防统治服务。因此，本书假设6-5：务农人数负向影响农户病虫害专业化统防统治采纳意愿。

（2）非农收入占总收入的比重。非农收入占总收入的比重反映了农户兼业化的程度。非农收入所占比重越大，农户越无暇顾及农业生产，从而在水稻种植过程中更倾向于采用统防统治服务。因此，本书假设6-6：非农收入占总收入的比重正向影响农户病虫害专业化统防统治采纳意愿。

（3）水稻种植面积。农户水稻种植面积越大，其采用专业化统防统治的效率更高。水稻种植面积越大的农民会更关注国家的方针政策，从而更愿意采纳专业化统防统治服务。因此，本书假设6-7：水稻种植面积正向影响农户专业化统防统治采纳意愿。

（4）水稻种植年限。水稻种植年限越长，农户种植经验就越丰富，他们在病虫害防治过程中可能更愿意凭经验而不愿意采纳统防统治服务。因此，本书假设6-8：水稻种植年限负向影响农户专业化统防统治采纳意愿。

3. 生产经营特征

生产经营特征包括邻地是否采取专业化统防统治、对专业化统防统治的了解程度、是否参加过专业化统防统治培训、与专业化统防统治工作人员联系的难易程度。

（1）邻地是否采取专业化统防统治。在我国农村，农户在作出农业生产决策时习惯相互模仿，邻地采纳统防统治服务效果的好坏会在一定程度上影响农户采纳统防统治服务的意愿。因此，本书假设6-9：邻地是否采取专业化统防统治正向影响农户专业化统防统治采纳意愿。

（2）对专业化统防统治的了解程度。农户对专业化统防统治的了解程度，将在很大程度上可能影响农户对病虫害专业化统防统治服务的采纳意愿。一般地，农户对专业化统防统治了解程度越深，越知道专业化统防统治的好处，就越愿意采纳专业化统防统治。因此，本书假设6-10：农户对专业化统防统治的了解程度正向影响农户专业化统防统治采纳意愿。

（3）是否参加过专业化统防统治的培训。专业化统防统治的培训有利于帮助农户了解农业发展的最新动态、加强农户生态环境保护意识，真正帮助农户解答关于专业化统防统治的各种困惑。因此，本书假设6-11：专业化统防统治的培训正向影响农户专业化统防统治采纳意愿。

（4）与专业化统防统治工作人员联系的难易程度。专业化统防统治技术人员可以帮助农户及时了解和掌握新信息和新技术。因此，本书假设6-12：与专业化统防统治工作人员联系的困难程度正向影响农户病虫害专业化统防统治采纳意愿。

4. 认知特征

认知特征包括农药对身体健康影响的认知、农药对环境影响的认知。

（1）农药对身体健康影响的认知。由于水稻种植户施药时，身体暴露在农药环境中，毒性较大的农药或施药方法的不正确都会给农户带来一定的危险性。因此，本书假设6-13：农药对身体健康影响的认知正向影响农户专业化统防统治采纳意愿。

（2）农药对环境影响的认知。农药是消灭农作物病虫害的有效药物，在水稻增产保收方面起着很大作用。喷洒的农药一部分落到农作物上，另一部分则飘到空气中或落入到土壤中、河流中，对其他生物群落造成不良影响，甚至会破坏生态平衡。水稻专业化统防统治可在一定程度上提高农药防治效率和防治效果，减轻环境污染。因此，本书假设6-14：农药对环境影响的认知正向影响农户专业化统防统治采纳意愿。

6.2　模型构建和变量选取

6.2.1　模型构建

农户专业化统防统治采纳意愿有两种情况："愿意"或"不愿意"。这实质上是一个二元选择问题。因此，本书拟采用二元 Logistic 模型分析农户专业化统防统治采纳意愿。

二元 Logistic 模型基本形式如下：

$$p = F(y = 1 \mid X_i) = \frac{1}{1 + e^{-y}} \tag{6.1}$$

式（6.1）中，y 代表农户采纳专业化统防统治的意愿，$y = 1$ 表示农户愿意采纳专业化统防统治；$y = 0$ 表示农户不愿意采纳专业化统防统治。p 表示农户采纳专业化统防统治的概率；$X_i(i=1,2,\cdots,n)$ 被定义为可能影响农户专业化统防统治采纳意愿的因素。

式（6.1）中，y 是变量 $X_i(i=1,2,\cdots,n)$ 的线性组合，即：

$$y = b_0 + b_1 x_1 + b_2 x_2 + \cdots + b_n x_n \tag{6.2}$$

式（6.2）中，$b_i(i=1,2,\cdots,n)$ 为第 i 个解释变量的回归系数。b_i 为正，表示第 i 个因素正向影响农户专业化统防统治采纳意愿；反之，则表示第 i 个因素负向影响农户专业化统防统治采纳意愿。

对式（6.1）和式（6.2）进行变换，得到以发生比表示的 Logistic 模型形式如下：

$$Ln\left(\frac{p}{1-p}\right) = b_0 + b_1 x_1 + b_2 x_2 + \cdots + b_n x_n + \varepsilon \tag{6.3}$$

式（6.3）中，b_0 为常数项，ε 为随机误差。

6.2.2 变量选取

根据上述研究假说，本书在构建农户病虫害专业化统防统治服务采纳意愿的计量经济模型时，选择了 4 类共 14 个变量。变量的名称、解释及其预期影响方向如表 6 - 1 所示。

表 6 - 1　　　　　　　　计量模型变量选择与说明

	变量名称	变量定义	平均值	标准差	预期方向
被解释变量	农户是否愿意采纳专业化统防统治	0 = 否；1 = 是	0.71	0.454	
解释变量	1. 户主个人特征				
	性别（X_1）	0 = 女；1 = 男	0.75	0.436	?
	年龄（X_2）	1 = 30 岁及以下；2 = 31 ~ 40 岁；3 = 41 ~ 50 岁；4 = 51 ~ 60 岁；5 = 60 岁以上	3.65	0.941	-

续表

变量名称	变量定义	平均值	标准差	预期方向
文化程度（X_3）	1 = 文盲；2 = 小学；3 = 初中；4 = 高中或中专；5 = 大专及以上	3.18	0.891	+
是否党员或村（乡、镇）干部（X_4）	0 = 否；1 = 是	0.12	0.322	+
2. 家庭特征				
务农人数（X_5）	农户实际务农人数（人）	1.66	0.707	−
非农收入占总收入的比重（X_6）	按农户家庭非农收入占总收入比例计算（%）	53.97	35.67	+
水稻种植面积（X_7）	按农户实际水稻种植面积计算（亩）	27.50	33.24	+
水稻种植年限（X_8）	按农户实际水稻种植年限计算（年）	27.26	9.41	−
3. 生产经营特征				
邻地是否采取专业化统防统治（X_9）	0 = 否；1 = 是	0.29	0.456	+
对专业化统防统治了解程度（X_{10}）	1 = 很不了解；2 = 比较不了解；3 = 一般；4 = 比较了解；5 = 很了解	3.12	1.376	+
是否参加过专业化统防统治培训（X_{11}）	0 = 否；1 = 是	0.44	0.497	+
与专业化统防统治工作人员联系难易程度（X_{12}）	1 = 很困难；2 = 比较困难；3 = 一般；4 = 比较容易；5 = 很容易	2.94	1.388	+
4. 认知特征				
农药对身体健康影响的认知（X_{13}）	1 = 很小；2 = 比较小；3 = 一般；4 = 比较大；5 = 很大	3.29	1.218	+
农药对环境影响的认知（X_{14}）	1 = 很小；2 = 比较小；3 = 一般；4 = 比较大；5 = 很大	3.54	1.177	+

注："?"表示影响方向不确定；"＋"表示正方向影响；"－"表示负方向影响。

6.3 农户专业化统防统治采纳意愿分析

6.3.1 农户专业化统防统治采纳意愿总体情况分析

在调查的 692 户样本农户中，有 491 户农户愿意采纳专业化统防统治，占比达 71%；有 201 户农户不愿意采纳专业化统防统治，占比为 29%（见表 6−2）。

表 6−2 专业化统防统治采纳意愿情况

采纳情况		频数	百分比（%）	有效的百分比（%）	累计百分比（%）
有效	0	201	29.0	29.0	29.0
	1	491	71.0	71.0	100.0
	总计	692	100.0	100.0	

6.3.2 农户专业化统防统治采纳意愿各变量描述分析

为了清楚分析农户专业化统防统治采纳意愿的影响因素，有必要先对各自变量与采纳意愿进行描述统计分析。但是由于户主个人特征、生产经营特征、认知特征都是分类变量，而家庭特征是尺度变量，所以分两步进行描述统计分析。

1. 农户户主个人特征、生产经营特征、认知特征与采纳意愿的交叉分析（见表 6−3）

（1）户主个人特征。

① 性别。从表 6−3 中可以看出，在 692 个调研样本户中，女性户主有 176 户，其中没有采纳意愿的有 69 户，占 39.2%；有采纳意愿的有

107 户，占 60.8%。男性户主有 516 户，其中没有采纳意愿的有 132 户，占 25.6%；有采纳意愿的有 384 户，占 74.4%。可见，男性户主有采纳意愿的比例高于女性户主。

② 年龄。从表 6-3 中可以看出，在 692 个调研样本户中，30 岁及以下农户有 11 户，其中 2 户没有采纳意愿，占 18.2%；9 户有采纳意愿，占 81.8%。31～40 岁之间的农户有 54 户，其中 8 户没有采纳意愿，占 14.8%；46 户有采纳意愿，占 85.2%。41～50 岁农户有 242 户，其中 34 户没有采纳意愿，占 14.0%；208 户有采纳意愿，占 86.0%。51～60 岁农户有 245 户，其中 61 户没有采纳意愿，占 24.9%；184 户有采纳意愿，占 75.1%。60 岁以上农户有 140 户，其中 96 户没有采纳意愿，占 68.6%；44 户有采纳意愿，占 31.4%。可见，被调研农户中，41～50 岁年龄段的农户有采纳意愿的比例最高，其次是 31～40 岁年龄段的水稻种植户，再次是 30 岁及以下年龄段的水稻种植户，采纳意愿比例最低的是 60 岁以上年龄段的农户。

③ 文化程度。从表 6-3 中可以看出，在 692 个调研样本户中，文化程度为文盲的农户有 21 户，且都没有采纳意愿；小学文化程度的农户有 138 户，其中，132 户没有采纳意愿，占 95.7%；6 户有采纳意愿，占 4.3%。初中文化程度的农户有 250 户，其中 47 户没有采纳意愿，占 18.8%；203 户有采纳意愿，占 81.2%。高中或中专文化程度的农户有 261 户，其中 1 户没有采纳意愿，占 0.4%；260 户有采纳意愿，占 99.6%。大专及以上文化程度的农户有 22 户，都具有采纳意愿。可见，被调研水稻种植农户中，文化程度越高的农户，其采纳意愿的比例也越大。

④ 社会身份。从表 6-3 中可以看出，在 692 个调研样本户中，有 81 户农户是党员或村（乡、镇）干部，其中 1 户没有采纳意愿，占 1.2%；80 户有采纳意愿，占 98.8%。非党员或非干部的农户有 611 户，其中

200 户没有采纳意愿，占 32.7%；411 户有采纳意愿，占 67.3%。可见，被调研农户中，党员或村（乡、镇）干部的农户相对非党员或非干部的农户，其采纳意愿的比例要更大。

表 6 – 3　　　　水稻种植户专业化统防统治采纳意愿统计描述结果

变量	特征	没有采纳意愿的农户		有采纳意愿的农户		合计	
		户数（户）	比例（%）	户数（户）	比例（%）	户数（户）	比例（%）
性别（X_1）	女	69	39.2	107	60.8	176	100.0
	男	132	25.6	384	74.4	516	100.0
年龄（X_2）	30 岁及以下	2	18.2	9	81.8	11	100.0
	31~40 岁	8	14.8	46	85.2	54	100.0
	41~50 岁	34	14.0	208	86.0	242	100.0
	51~60 岁	61	24.9	184	75.1	245	100.0
	60 岁以上	96	68.6	44	31.4	140	100.0
文化程度（X_3）	文盲	21	100	0	0	21	100.0
	小学	132	95.7	6	4.3	138	100.0
	初中	47	18.8	203	81.2	250	100.0
	高中或中专	1	0.4	260	99.6	261	100.0
	大专及以上	0	0	22	100	22	100.0
是否党员或村（乡、镇）干部（X_4）	否	200	32.7	411	67.3	611	100.0
	是	1	1.2	80	98.8	81	100.0
邻地是否采纳专业化统防统治（X_9）	否	167	34.2	322	65.8	489	100.0
	是	34	16.7	169	83.3	203	100.0
对专业化统防统治的了解程度（X_{10}）	很不了解	131	93.6	9	6.4	140	100.0
	比较不了解	55	69.6	24	30.4	79	100.0
	一般了解	10	6.8	138	93.2	148	100.0
	比较了解	5	2.4	202	97.6	207	100.0
	很了解	0	0	118	100	118	100.0
是否参加过专业化统防统治培训（X_{11}）	否	197	51.0	189	49.0	386	100.0
	是	4	1.3	302	98.7	306	100.0

续表

变量	特征	没有采纳意愿的农户		有采纳意愿的农户		合计	
		户数（户）	比例（%）	户数（户）	比例（%）	户数（户）	比例（%）
和专业化统防统治工作人员联系的难易程度（X_{12}）	很困难	69	61.1	44	38.9	113	100.0
	比较困难	122	54.2	103	45.8	225	100.0
	一般	5	7.6	61	92.4	66	100.0
	比较容易	3	1.8	162	98.2	165	100.0
	很容易	2	1.6	121	98.4	123	100.0
农药对身体健康影响的认知（X_{13}）	很小	60	95.2	3	4.8	63	100.0
	较小	122	78.2	34	21.8	156	100.0
	一般	17	18.9	73	81.8	90	100.0
	较大	2	0.7	284	99.3	286	100.0
	很大	0	0	97	100	97	100.0
农药对环境影响的认知（X_{14}）	很小	48	100	0	1.8	48	100.0
	较小	93	95.9	4	4.1	97	100.0
	一般	55	42.3	75	57.7	130	100.0
	较大	4	1.5	261	98.5	265	100.0
	很大	1	0.7	151	99.3	152	100.0

（2）经营特征。

邻地采纳专业化统防统治情况。从表6-3中可以看出，在692个样本户中，489户农户的邻地没有采纳专业化统防统治，其中200户没有采纳意愿，占32.72%；411户有采纳意愿，占67.3%。203户农户的邻地采纳了专业化统防统治，其中34户没有采纳意愿，占16.7%；169户有采纳意愿，占83.3%。可见，被调研农户中，邻地采纳了专业化统防统治的农户相对邻地没有采纳专业化统防统治的农户，其采纳意愿的比例要更大。

对专业化统防统治的了解程度。从表6-3中可以看出，在692个调研样本户中，对专业化统防统治很不了解的农户有140户，其中131户没有采纳意愿，占93.6%；9户有采纳意愿，占6.4%。对专业化统防统治比较不了解的农户有 79 户，其中，55 户没有采纳意愿，占 69.6%；24 户有采纳意愿，占 30.4%。对专业化统防统治一般了解的农户有 148 户，其中 10 户没有采纳意愿，占 6.8%；138 户有采纳意愿，占 93.2%。对专业化统防统治比较了解的农户有 207 户，其中 5 户没有采纳意愿，占 2.4%；202 户有采纳意愿，占 97.6%。对专业化统防统治很了解的农户有 118 户，都具有采纳意愿。可见，被调研水稻种植农户中，对专业化防统治了解程度越深的农户，其采纳意愿的比例也越大。

参加专业化统防统治培训。从表 6 - 3 中可以看出，在 692 个样本户中，有 386 户农户没有参加过专业化统防统治培训，其中 197 户没有采纳意愿，占 51.0%；189 户有采纳意愿，占 49.0%。有 306 户农户参加过专业化统防统治培训，其中 4 户没有采纳意愿，占 1.3%；302 户有采纳意愿，占 98.7%。可见，被调研水稻种植农户中，参加过专业化统防统治培训的农户相对没有参加过专业化统防统治培训的农户，其采纳意愿的比例要更大。

与专业化统防统治工作人员联系的难易程度方面，从表 6 - 3 中可以看出，在 692 个调研样本户中，与专业化统防统治工作人员联系很困难的农户有 113 户，其中 69 户没有采纳意愿，占 61.1%；44 户有采纳意愿，占 38.9%。与专业化统防统治工作人员联系比较困难的农户有 225 户，其中，122 户没有采纳意愿，占 54.2%；103 户有采纳意愿，占 45.8%。与专业化统防统治工作人员联系难易程度一般的农户有 66 个，其中 5 户没有采纳意愿，占 7.6%；61 户有采纳意愿，占 92.4%。与专业化统防统治工作人员联系比较容易的农户有 165 户，其中 3 户没有采纳意愿，占 1.8%；162 户有采纳意愿，占 98.2%。与专业化统防统治工作人员联系很容易的农户有 123 户，其中 2 户没有采纳意愿，占 1.6%；121 户有采纳意愿，占 98.4%。可见，被调研农户中，与专业化统防统治工作人员联系越容易的农户，其采纳意愿的比例也越大。

（3）认知特征。

农药对身体健康影响的认知方面，从表6－3中可以看出，在692个调研样本户中，认为农药对身体健康影响很小的农户有63户，其中60户没有采纳意愿，占95.2%；3户有采纳意愿，占4.8%。认为农药对身体健康影响比较小的农户有156户，其中，122户没有采纳意愿，占78.2%；34户有采纳意愿，占21.8%。认为农药对身体健康影响一般的农户有90户，其中17户没有采纳意愿，占18.9%；73户有采纳意愿，占81.8%。认为农药对身体健康影响较大的农户有286户，其中2户没有采纳意愿，占0.7%；284户有采纳意愿，占99.3%。认为农药对身体健康影响很大的农户有97户，且都具有采纳意愿。可见，被调研水稻种植农户中，认为农药对身体健康影响程度越大的农户，其采纳意愿的比例也越大。

农药对环境影响的认知方面，从表6－3中可以看出，在692个调研样本户中，认为农药对环境影响很小的农户有48户，且都没有采纳意愿。认为农药对环境影响比较小的农户有97户，其中，93户没有采纳意愿，占95.9%；4户有采纳意愿，占4.1%。认为农药对环境影响一般的农户有130户，其中55户没有采纳意愿，占42.3%；75户有采纳意愿，占57.7%。认为农药对环境影响较大的农户有265户，其中4户没有采纳意愿，占1.5%；261户有采纳意愿，占98.5%。认为农药对环境影响很大的农户有152户，其中1户没有采纳意愿，占0.7%；151户有采纳意愿，占99.3%。可见，被调研水稻种植农户中，认为农药对环境影响程度越大的农户，其采纳意愿的比例也越大。

2. 农户采纳意愿与家庭特征的交叉分析

从表6－4中可以看出，没有采纳意愿的家庭中务农人数的均值是1.68，而有采纳意愿的家庭中务农人数的均值是1.65，说明务农人数负向影响农户专业化统防统治采纳意愿；没有采纳意愿的家庭中非农收入

占比的均值是 78.3%，而有采纳意愿的家庭中非农收入占比的均值是
44.0%，说明非农收入占比负向影响农户专业化统防统治采纳意愿；没
有采纳意愿的家庭水稻种植面积的均值是 10.57 亩，而有采纳意愿与采纳
行为一致的家庭水稻种植面积的均值是 59.97 亩，说明水稻种植面积正向
影响农户专业化统防统治采纳意愿；没有采纳意愿的家庭水稻种植年限
的均值是 25.96 年，而有采纳意愿的家庭水稻种植年限的均值是 22.95
年，说明水稻种植年限负向影响农户专业化统防统治采纳意愿。

表 6-4　　　　　　农户专业化统防统治采纳意愿统计描述结果

变量	采纳意愿	N	平均数	标准差	标准误	95% 置信区间		最小值	最大值
						下限	上限		
务农人数 (X_5)	不愿意采纳	201	1.68	0.734	0.052	1.58	1.78	1	5
	愿意采纳	491	1.65	0.697	0.031	1.59	1.71	1	4
	合计	692	1.66	0.707	0.027	1.61	1.71	1	5
非农收入占比 (X_6)	不愿意采纳	201	0.783	0.215	0.015	0.753	0.813	0	0.99
	愿意采纳	491	0.440	0.356	0.016	0.409	0.472	0	0.98
	合计	692	0.540	0.357	0.014	0.513	0.566	0	0.99
种植面积 (X_7)	不愿意采纳	223	10.57	2.577	0.182	2.637	3.353	0.4	20.0
	愿意采纳	268	59.97	34.753	1.568	34.455	40.618	0.4	316.0
	合计	491	37.54	33.236	1.263	25.023	29.984	0.4	316.0
种植年限 (X_8)	不愿意采纳	223	25.96	6.812	0.480	33.48	35.38	5	45
	愿意采纳	268	22.95	8.729	0.394	23.55	25.09	3	45
	合计	491	24.32	9.410	0.358	26.55	27.96	3	45

6.3.3　多重共线性检测

二元 Logistic 回归模型对多重共线性比较敏感，如果各解释变量之间
存在多重共线性，则模型回归系数的标准差会产生偏差，导致模型估计
失真或估计不准确。所以，为了保证数据分析的准确性和稳定性，在构

建二元 Logistic 模型之前，本书先对户主性别、年龄、文化程度、社会身份、务农人数、非农收入占比、种植面积、种植年限、邻地是否采纳专业化统防统治、对专业化统防统治的了解程度、是否参加过专业化统防统治培训、与专业化统防统治工作人员联系的困难程度、农药对身体健康影响的认知、农药对环境影响的认知等解释变量之间的相关性进行了检验，保证变量间不存在多重共线性。本书运用 Stata 15.0 对选取的 14 个指标进行多重共线性分析，如表 6 - 5 所示。一般地，VIF 值越大，说明多重共线性问题越大；当 VIF 检验值小于或等于 10 时，解释变量之间不存在明显的多重共线性。结果显示 VIF 值均处于 1.06 ~ 4.30，其中农药对身体健康影响的认知 VIF 的值最大，为 4.30，小于 10，说明以上各解释变量之间不存在明显的多重共线性问题。因此，可以对这 14 个变量进行回归估计。

表 6 - 5 　　　　　　　　　　各解释变量间的多重共线性检验

变量	VIF	1/VIF
性别（X_1）	1.06	0.943
年龄（X_2）	3.13	0.319
文化程度（X_3）	2.80	0.357
社会身份（X_4）	1.16	0.862
务农人数（X_5）	1.13	0.882
非农收入占比（X_6）	2.97	0.337
水稻种植面积（X_7）	3.44	0.291
水稻种植年限（X_8）	3.68	0.272
邻地是否采纳专业化统防统治（X_9）	2.94	0.340
对专业化统防统治的了解程度（X_{10}）	3.06	0.327
是否参加过专业化统防统治培训（X_{11}）	1.07	0.937
与专业化统防统治工作人员联系的难易程度（X_{12}）	3.64	0.275
农药对身体健康影响的认知（X_{13}）	4.30	0.233
农药对环境影响的认知（X_{14}）	4.07	0.246
Mean	2.75	

6.4　农户专业化统防统治采纳意愿的影响因素分析

6.4.1　农户专业化统防统治采纳意愿的影响因素：相关性分析

为了分析哪些因素显著影响农户专业化统防统治采纳意愿，本书计算了各自变量和因变量之间的 Pearson 相关系数。从表 6 - 6 可以看出，户主性别、户主年龄、文化程度、社会身份、务农人数、非农收入占比、水稻种植面积、水稻种植年限、邻地是否采纳专业化统防统治、对专业化统防统治的了解程度、是否参加过专业化统防统治培训、与专业化防统治工作人员联系的难易程度、农药对身体健康影响的认知、农药对环境影响的认知这 14 个变量在 1% 的统计水平上和农户专业化统防统治采纳意愿显著相关，其中户主年龄、非农收入占比、水稻种植年限这 3 个变量和农户专业化统防统治采纳意愿显著负相关，而户主性别、文化程度、社会身份、水稻种植面积、邻地是否采纳专业化统防统治、对专业化统防统治的了解程度、是否参加过专业化统防统治培训、与专业化统防统治工作人员联系的难易程度、农药对身体健康影响的认知、农药对环境影响的认知这 10 个变量和农户专业化统防统治采纳意愿显著正相关。务农人数和农户专业化统防统治采纳意愿的相关程度较小。

表 6 - 6　　　　　　　　　　相关性分析结果

自变量	Pearson 相关系数	Sig.
性别（X_1）	0.131	0.001
年龄（X_2）	- 0.374	0.000
文化程度（X_3）	0.748	0.000

续表

自变量	Pearson 相关系数	Sig.
社会身份（X_4）	0.223	0.000
务农人数（X_5）	− 0.020	0.590
非农收入占比（X_6）	− 0.436	0.000
水稻种植面积（X_7）	0.472	0.000
水稻种植年限（X_8）	− 0.488	0.000
邻地是否采纳专业化统防统治（X_9）	0.175	0.000
对专业化防统治的了解程度（X_{10}）	0.779	0.000
是否参加过专业化统防统治培训（X_{11}）	0.544	0.000
与专业化防统治工作人员联系的难易程度（X_{12}）	0.554	0.000
农药对身体健康影响的认知（X_{13}）	0.778	0.000
农药对环境影响的认知（X_{14}）	0.791	0.000

6.4.2　农户专业化统防统治采纳意愿的影响因素：二元 Logistic 回归分析

以上相关性分析只是检验了单个自变量与因变量之间是否存在显著的相关关系及其作用方向，由于影响农户专业化统防统治采纳意愿的因素之间可能存在相互作用，因此，有必要建立计量经济模型进一步审视这些因素对农户专业化统防统治采纳意愿的影响程度及显著性水平。本章采用二元 Logistic 回归模型进行分析，结果如表 6-7 所示。由模型结果可知，LR chi^2 值为 88.04，所对应的概率值为 0.0000，说明模型在 1% 的显著性水平上拒绝所有估计系数都为零的原假设；Pseudo R^2 值为 0.967，说明自变量对因变量的变化具有很强的解释能力。显著影响农户专业化统防统治采纳意愿的因素有户主性别、户主年龄、户主文化程度、水稻种植面积、水稻种植年限、对专业化统防统治了解程度、是否参加过专业化统防统治培训、农药对身体健康影响的认知、农药对环境影响的认知。对估计结果具体分析如下。

表6-7　　　　　　　　　Logistic 模型估计结果

Y	系数	稳健性标准误	Z 值	P > |z|	95%的置信区间	
性别（X_1）	2.933	1.281	2.29	0.022	-0.421	5.444
年龄（X_2）	-2.573	1.006	-2.56	0.011	-4.545	-0.602
文化程度（X_3）	4.381	1.187	3.69	0.000	2.054	6.708
社会身份（X_4）	2.325	1.687	1.38	0.168	-0.982	5.632
务农人数（X_5）	-1.210	0.842	-1.44	0.151	-2.859	0.440
非农收入占比（X_6）	2.791	2.282	1.22	0.221	-1.683	7.265
水稻种植面积（X_7）	0.653	0.145	4.51	0.000	0.369	0.937
水稻种植年限（X_8）	0.152	0.076	2.01	0.044	0.004	0.301
邻地是否采纳专业化统防统治（X_9）	1.689	1.050	1.61	0.108	-0.369	3.747
对专业化统防统治的了解程度（X_{10}）	2.457	0.709	3.47	0.001	1.068	3.846
是否参加过专业化统防统治培训（X_{11}）	5.108	2.050	2.49	0.013	1.090	9.126
与专业化统防统治工作人员联系的难易程度（X_{12}）	-0.327	0.674	-0.48	0.628	-1.649	0.995
农药对身体健康影响的认知（X_{13}）	4.367	0.907	4.82	0.000	2.590	6.144
农药对环境影响的认知（X_{14}）	4.230	0.800	5.29	0.000	2.661	5.798
常数项	-39.402	6.226	-6.33	0.000	-51.603	-27.200

模型整体检验统计量

总样本	692		
Log likelihood	-13.794	Prob > chi^2	0.0000
LR chi^2	88.04	Pseudo R^2	0.967

（1）户主性别显著正向影响农户专业化防统治采纳意愿。通过表6-7可以看出，性别在5%的水平上显著，且回归系数为正，这说明与女性相比，男性农户对专业化统防统治采纳意愿更强。这是由于男性户主在获取相关资源时更具有优势，而女性户主比男性户主较为保守，不敢冒太大风险去接受新事物，从而更不愿意采纳专业化统防统治。

（2）户主年龄显著负向影响农户专业化统防统治采纳意愿。年龄在5%的水平上显著，且回归系数为正，说明年龄越大的农户对专业化统防统治采纳意愿更弱。随着年龄增长，农户往往会越趋保守，加上他们水稻种植经验丰富，接受新事物的意愿就越弱，从而不愿意采纳专业化统防统治。

（3）户主文化程度显著正向影响农户专业化统防统治采纳意愿。文化程度在1%的水平上显著，且回归系数为正，说明农户文化程度越高，其专业化统防统治采纳意愿越强。农户文化程度越高，对新知识、新事物的理解能力和接受能力越强，从而更愿意采纳专业化统防统治。

（4）水稻种植面积显著正向影响农户专业化统防统治采纳意愿。水稻种植面积在1%的水平上显著，且回归系数为正，说明水稻种植面积越大，农户专业化统防统治采纳意愿越强。水稻种植面积越大的农户，为了提高水稻生产效率和产量，会更愿意关注国家对农业方面的方针政策，越愿意去学习病虫害防治方法，以提高水稻病虫害防治效率，提高单位亩产量的同时降低成本以达到利润最大化。

（5）水稻种植年限显著正向影响农户专业化统防统治采纳意愿。水稻种植年限在5%的水平上显著，且回归系数为正，说明水稻种植年限越长的农户越愿意采纳专业化统防统治。这与预期估计结果相反，可能的原因是：水稻种植年限越长的农户，往往年龄都比较大，身体健康状况较差，而病虫害防治对身体健康又存在潜在风险，所以更愿意把病虫害防治环节外包出去，即更愿意采纳专业化统防统治。

（6）对专业化统防统治的了解程度显著正向影响农户专业化统防统治采纳意愿。对统防统治了解程度在1%的水平上显著，且回归系数为正，说明农户对专业化统防统治越了解，越愿意采纳专业化统防统治。农户对专业化统防统治了解程度越深，越知道专业化统防统治在提高病虫害防治效率和水稻亩产量、保护农户身体健康和生态环境等方面具有积极作用，就越愿意采纳专业化统防统治。

（7）是否参加过专业化统防统治培训显著正向影响农户专业化统防统治采纳意愿影响。是否参加过专业化统防统治培训在5%的水平上显著，且回归系数为正，说明专业化统防统治培训活动可以扩大专业化统防统治的知名度，增强农户对专业化统防统治的理解，真正明白专业化统防统治的现实意义，从而更愿意采纳专业化统防统治。

（8）农药对身体健康影响的认知显著正向影响农户专业化统防统治采纳意愿。农药对身体健康影响的认知在1%的水平上显著，且回归系数为正，说明农户的健康意识越强，越愿意采纳专业化统防统治。在调查中发现，还是有不少农户意识到水稻病虫害防治对身体健康会产生不良影响，从而愿意采纳专业化统防统治。

（9）农药对环境影响的认知显著正向影响农户专业化统防统治采纳意愿。农药对环境影响的认知在1%的水平上显著，且回归系数为正，说明农户的环保意识越强，采纳专业化统防统治的意愿越强。农户环境保护意识越强，对农业环境就越关注，为了既保证水稻产量又保护生态环境，农户会更愿意采纳专业化统防统治。

另外，与专业化统防统治工作人员联系的难易程度对农户专业化统防统治采纳意愿影响为负但不显著，说明与专业化统防统治工作人员联系的难易程度并不是农户专业化统防统治采纳意愿的重要影响因素。

6.4.3　稳健性检验

为验证上述模型估计结果的稳健性，本章通过替换计量方法和自变量进行测试，以期估计结果相互印证。

首先，采用二元 Probit 模型回归，结果如表 6－8 所示。所有自变量的显著性、系数的符号与表 6－7 中的相比并无本质变化。

表 6－8 Probit 模型估计结果

Y	系数	稳健性标准误	Z 值	P > |z|	95% 的置信区间	
性别（X_1）	1.496	1.714	2.35	0.019	0.250	2.742
年龄（X_2）	－1.334	1.237	－2.53	0.011	－2.367	－0.301
文化程度（X_3）	2.289	1.502	4.66	0.000	1.325	3.252
社会身份（X_4）	1.136	8.940	1.50	0.134	－0.349	2.622
务农人数（X_5）	－0.454	0.287	－1.58	0.114	－1.017	0.110
非农收入占比（X_6）	1.493	0.998	1.50	0.135	－0.462	3.448
水稻种植面积（X_7）	0.350	0.070	5.01	0.000	0.213	0.487
水稻种植年限（X_8）	0.078	0.044	1.76	0.079	－0.009	0.165
邻地是否采纳专业化统防统治（X_9）	0.856	0.569	1.50	0.133	－0.260	1.972
对专业化统防统治的了解程度（X_{10}）	1.352	0.340	3.98	0.000	0.685	2.019
是否参加过专业化统防统治培训（X_{11}）	2.660	1.008	2.64	0.008	0.685	4.635
与专业化统防统治工作人员联系的难易程度（X_{12}）	－0.106	0.338	－0.31	0.753	－0.768	0.556
农药对身体健康影响的认知（X_{13}）	2.383	0.458	5.20	0.000	－1.485	3.280
农药对环境影响的认知（X_{14}）	2.294	0.441	5.20	0.000	1.429	3.158
常数项	－21.421	2.707	－7.91	0.000	－26.727	－16.114

模型整体检验统计量

总样本	692		
Log likelihood	－13.587	Prob > chi^2	0.0000
LR chi^2	110.72	Pseudo R^2	0.967

其次，采用自变量替换的方法。先用"农业收入占比（X_{15}）"替代"非农收入占比（X_6）"，用"对农业生态环境退化的了解程度（X_{16}）"替代"农药对环境影响的认知程度（X_{14}）"，再采用二元 Logistic 模型回归。结果如表 6－9 所示，所有自变量的显著性、系数的符号与表 6－7 结果相比并无本质变化。

表 6 – 9   稳健性检验结果

Y	系数	稳健性标准误	Z 值	P > |z|	95% 的置信区间	
性别（X_1）	3.017	1.288	2.34	0.019	0.493	5.541
年龄（X_2）	−2.520	1.024	−2.46	0.014	−4.527	−0.512
文化程度（X_3）	4.449	1.214	3.66	0.000	2.070	6.829
社会身份（X_4）	2.425	1.682	1.44	0.149	−0.872	5.722
务农人数（X_5）	−1.247	0.843	−1.48	0.139	−2.900	0.406
水稻种植面积（X_7）	0.619	0.168	3.68	0.000	0.290	0.949
水稻种植年限（X_8）	0.145	0.081	1.78	0.075	0.015	0.304
邻地是否采纳专业化统防统治（X_9）	1.725	1.060	1.63	0.104	−0.352	3.801
对专业化统防统治的了解程度（X_{10}）	2.382	0.690	3.45	0.001	1.030	3.734
是否参加过专业化统防统治培训（X_{11}）	5.147	2.038	2.53	0.012	1.152	9.142
与专业化统防统治工作人员联系的难易程度（X_{12}）	−0.305	0.677	−0.45	0.653	−1.632	1.023
农药对身体健康影响的认知（X_{13}）	4.257	0.879	4.84	0.000	2.535	5.980
农业收入占比（X_{15}）	−2.708	2.262	−1.20	0.231	−7.141	1.726
农药对环境影响的认知（X_{16}）	4.286	0.834	5.14	0.000	2.651	5.921
常数项	−36.536	5.963	−6.13	0.000	−48.223	−24.850

模型整体检验统计量

总样本	692		
Log likelihood	−13.893	Prob > chi^2	0.0000
LR chi^2	87.89	Pseudo R^2	0.967

通过以上检测，无论是计量方法替换还是自变量替换，所有自变量的显著性、系数的符号均未发生显著变化。这充分说明本书模型设定合理，实证分析结论总体稳健。

6.5 本章小结

本章利用鄱阳湖生态经济区 692 个种稻户的实地调研数据，采用二元 Logistic 模型分析农户采纳专业化统防统治意愿的影响因素，调查结果表明：在 692 个样本户中，有 491 个农户愿意采纳专业化统防统治，201 个农户不愿意采纳专业化统防统治。

实证研究发现，户主性别、户主年龄、户主文化程度、水稻种植面积、水稻种植年限、对专业化统防统治了解程度、是否参加过专业化统防统治培训、农药对身体健康影响的认知、农药对环境影响的认知这 9 个因素显著影响农户专业化统防统治采纳意愿。其中，户主性别、户主文化程度、水稻种植面积、水稻种植年限、对专业化统防统治了解程度、是否参加过专业化统防统治培训、农药对身体健康影响的认知、农药对环境影响的认知这 8 个因素对农户专业化统防统治采纳意愿有显著正向影响，而年龄对农户专业化统防统治采纳意愿有显著负向影响。分析结果表明：男性户主更愿意采纳专业化统防统治；农户年龄越大，越不愿意接受新事物，对专业化统防统治采纳意愿越弱；文化程度越高的农户越愿意采纳专业化统防统治；水稻种植面积越大的农户越倾向于采纳专业化统防统治；水稻种植年限越长的农户越愿意采纳专业化统防统治；对专业化统防统治了解程度越高的农户，其采纳专业化统防统治的意愿越强；参加过专业化统防统治培训的农户更愿意采纳专业化统防统治；认为农药对身体健康和环境影响越大的农户，其采纳专业化统防统治的意愿也越强。

第 **7** 章

农户专业化统防统治采纳行为分析

7.1　农户专业化统防统治采纳行为的影响因素

7.2　模型构建和变量选取

7.3　农户专业化统防统治采纳行为分析

7.4　农户专业化统防统治采纳行为的影响因素分析

7.5　本章小结

采纳意愿只是农户的一种单纯想法，而采纳行为作为已经发生的事实，比采纳意愿更具有说服力。第 6 章对农户专业化统防统治采纳意愿进行了实证分析，本章将对农户专业化统防统治采纳行为进行实证分析。一方面可以与采纳意愿相互印证，另一方面可以对采纳意愿进行补充说明。

农户专业化统防统治采纳行为的影响因素

借鉴已有研究成果，本书将影响农户专业化统防统治采纳行为的因素也分为户主个人特征、家庭特征、生产经营特征、认知特征等四类共 14 个变量，提出以下理论假设。

1. 户主个人特征

户主个人特征包括性别、年龄、文化程度、社会身份。

（1）性别。一般地，男性户主在采纳农业新技术、新生产方式等方面具有更高的风险偏好，所以相对女性户主而言，男性户主更会采纳专业化统防统治。因此，本书假设 7 - 1：户主性别正向影响其专业化统防统治采纳行为。

（2）年龄。年龄越大的农户，在农业生产时可能陷入路径依赖，拘泥于传统的农业生产方式，而不愿意采纳专业化统防统治。因此，本书假设 7 - 2：农户年龄负向影响其专业化统防统治采纳行为。

（3）文化程度。农户文化程度越高，对新技术、新生产方式的理解能力和接受能力越强。因此，本书假设 7 - 3：农户文化程度正向影响种稻户专业化统防统治采纳行为。

（4）社会身份。社会身份，包括农户是否党员或村（乡、镇）干部。农村党员或村（乡、镇）干部相对普通农户会更了解现代农业的发展方向和趋势，更会采纳专业化统防统治。因此，本书假设 7 - 4：农户的社会身份正向影响种稻户专业化统防统治采纳行为。

2. 家庭特征

家庭特征包括家庭务农人数、非农收入占总收入的比重、水稻种植年限和水稻种植面积。

（1）务农人数。农户家庭中的务农人数越少，其水稻病虫害防治的人力资源越稀缺，从而会采纳病虫害专业化统防统治。因此，本书假设7-5：务农人数负向影响农户病虫害专业化统防统治采纳行为。

（2）非农收入占总收入的比重。一般地，非农收入占总收入的比重越高，农户越可能将病虫害防治环节外包出去。因此，本书假设7-6：非农收入占总收入的比重正向影响农户病虫害专业化统防统治采纳行为。

（3）水稻种植面积。水稻种植面积越大的农户，通过采纳专业化统防统治越容易享受规模经济效益。因此，本书假设7-7：水稻种植面积正向影响农户专业化统防统治采纳行为。

（4）水稻种植年限。水稻种植年限越长的农户在水稻生产过程中，越倾向凭经验种植而不是采纳专业化统防统治。因此，本书假设7-8：水稻种植年限负向影响农户专业化统防统治采纳行为。

3. 生产经营特征

生产经营特征包括邻地是否采取专业化统防统治、对专业化统防统治的了解程度、是否参加过专业化统防统治培训、与专业化统防统治工作人员联系的难易程度。

（1）邻地是否采取专业化统防统治。一般地，若某农户采纳专业化统防统治效果较好，则会对邻地农户产生很强的示范效应。因此，本书假设7-9：邻地是否采取专业化统防统治正向影响农户专业化统防统治采纳行为。

（2）对专业化统防统治的了解程度。农户对专业化统防统治越了解，就越信任专业化统防统治，就越会采纳专业化统防统治。因此，本书假设7-10：农户对专业化统防统治的了解程度正向影响农户专业化统防统治采纳行为。

（3）是否参加过专业化统防统治的培训。专业统防统治的培训有利于引导农户自愿改变传统的病虫害防治方式，促进农户对专业化统防统治采纳率的提高。因此，本书假设7-11：专业化统防统治的培训正向影响农户专业化统防统治采纳行为。

（4）与专业化统防统治工作人员联系的难易程度。农户在水稻生产过程中可能会遇到这样或那样的困难或问题，与专业化统防统治工作人员联系越容易，就可以及时获取帮助，从而影响其专业化统防统治的采纳行为。因此，本书假设7-12：与专业化统防统治工作人员联系的难易程度正向影响农户专业化统防统治采纳行为。

4. 认知特征

认知特征包括农药对身体健康影响的认知、农药对环境影响的认知。

（1）农药对身体健康影响的认知。认为农药对身体健康影响越大的农户，越会摒弃传统的病虫害防治方式而采纳专业化统防统治。因此，本书假设7-13：农药对身体健康影响的认知正向影响农户专业化统防统治采纳行为。

（2）农药对环境影响的认知。认为农药对环境影响越大的农户，为了保护环境，可能越会采纳专业化统防统治。因此，本书假设7-14：农药对环境影响的认知正向影响农户专业化统防统治采纳行为。

7.2 模型构建和变量选取

7.2.1 模型构建

农户专业化统防统治采纳行为有两种情况："采纳"或"不采纳"。

这实质上是一个二元选择问题。因此，本书拟采用二元 Logistic 模型分析农户专业化统防统治采纳行为。

二元 Logistic 模型基本形式如下：

$$p = F(y = 1 \mid X_i) = \frac{1}{1 + e^{-y}} \tag{7.1}$$

式（7.1）中，y 表示农户采纳专业化统防统治的行为，$y = 1$ 表示农户采纳了专业化统防统治；$y = 0$ 表示农户没有采纳专业化统防统治。p 表示农户采纳专业化统防统治的概率；$X_i(i = 1, 2, \cdots, n)$ 被定义为可能影响农户专业化统防统治采纳行为的因素。

式（7.1）中，y 是变量 $X_i(i = 1, 2, \cdots, n)$ 的线性组合，即：

$$y = b_0 + b_1 x_1 + b_2 x_2 + \cdots + b_n x_n \tag{7.2}$$

式（7.2）中，$b_i(i = 1, 2, \cdots, n)$ 为第 i 个解释变量的回归系数。b_i 为正，表示第 i 个因素正向影响农户专业化统防统治采纳行为；反之，则表示第 i 个因素负向影响农户专业化统防统治采纳行为。

对式（7.1）和式（7.2）进行变换，得到以发生比表示的 Logistic 模型形式如下：

$$\mathrm{Ln}\left(\frac{p}{1-p}\right) = b_0 + b_1 x_1 + b_2 x_2 + \cdots + b_n x_n + \varepsilon \tag{7.3}$$

式（7.3）中，b_0 为常数项，ε 为随机误差。

7.2.2　变量选取

根据上述研究假说，本书在构建农户病虫害专业化统防统治采纳行为的计量经济模型时，被解释变量是"农户是否采纳专业化统防统治"，解释变量选择了 4 类共 14 个变量，变量的名称、定义、平均值和标准差如表 6 – 1 所示。

7.3 农户专业化统防统治采纳行为分析

7.3.1 农户专业化统防统治采纳行为总体情况分析

在调查的 692 户样本农户中，有 268 户农户采纳了专业化统防统治，占比 38.7%；而有 424 户农户没有采纳专业化统防统治，占 61.3%（见表 7－1）。

表 7－1　　　　　　　　专业化统防统治采纳行为情况

采纳情况		频数	百分比（%）	有效的百分比（%）	累计百分比（%）
有效	0	424	61.3	61.3	61.3
	1	268	38.7	38.7	100
	总计	692	100	100	

7.3.2 农户专业化统防统治采纳行为各变量描述分析

为了清楚地分析农户专业化统防统治采纳行为的影响因素，有必要先对各自变量与采纳行为进行描述统计分析。但是由于户主个人特征、生产经营特征、认知特征都是分类变量，而家庭特征是尺度变量，所以分两步进行描述统计分析。

1. 分析农户户主个人特征、生产经营特征、认知特征与采纳行为的交叉分析

（1）户主个人特征。

① 性别。从表 7－2 中可以看出，在 692 个调研样本户中，女性户主有 176 户，其中没有采纳行为的有 118 户，占 67.0%；有采纳行为的有

58 户，占 33.0%。男性户主有 516 户，其中没有采纳行为的有 306 户，占 59.3%；有采纳行为的有 210 户，占 40.7%。可见，男性农户有采纳行为的比例高于女性农户。

② 年龄。从表 7-2 中可以看出，在 692 个调研样本户中，30 岁及以下农户有 11 户，其中 2 户没有采纳行为，占 18.2%；9 户有采纳行为，占 81.8%。31~40 岁农户有 54 户，其中 20 户没有采纳行为，占 37.0%；34 户有采纳行为，占 63.0%。41~50 岁农户有 242 户，其中 132 户没有采纳行为，占 54.5%；110 户有采纳行为，占 45.5%。51~60 岁农户有 245 个，其中 145 户没有采纳行为，占 59.2%；100 户有采纳行为，占 40.8%。60 岁以上农户有 140 户，其中 125 户没有采纳行为，占 89.3%；15 户有采纳行为，占 10.7%。可见，被调研农户中，农户年龄越小，越会采纳专业化统防统治。

表 7-2　　　　　农户专业化统防统治采纳行为统计描述结果

变量	特征	没有采纳行为的农户		有采纳行为的农户		合计	
		人数（人）	比例（%）	人数（人）	比例（%）	人数（人）	比例（%）
性别（X_1）	女	118	67.0	58	33.0	176	100
	男	306	59.3	210	40.7	516	100
年龄（X_2）	30 岁及以下	2	18.2	9	81.8	11	100
	31~40 岁	20	37.0	34	63.0	54	100
	41~50 岁	132	54.5	110	45.5	242	100
	51~60 岁	145	59.2	100	40.8	245	100
	60 岁以上	125	89.3	15	10.7	140	100
文化程度（X_3）	文盲	21	100	0	0	21	100
	小学	138	100	0	0	138	100
	初中	184	73.6	66	26.4	250	100
	高中或中专	80	30.7	181	69.3	261	100
	大专及以上	1	4.5	21	95.5	22	100

变量	特征	没有采纳行为的农户		有采纳行为的农户		合计	
		人数（人）	比例（%）	人数（人）	比例（%）	人数（人）	比例（%）
是否村（乡、镇）干部或党员（X_4）	否	404	66.1	207	33.9	611	100
	是	20	24.7	61	75.3	81	100
邻地是否采纳专业化统防统治（X_9）	否	327	66.9	162	33.1	489	100
	是	97	47.8	106	52.2	203	100
对专业化统防统治的了解程度（X_{10}）	很不了解	137	97.9	3	2.1	140	100
	比较不了解	78	98.7	1	1.3	79	100
	一般了解	141	95.3	7	4.7	148	100
	比较了解	62	30.0	145	70.0	207	100
	很了解	6	5.1	112	94.9	118	100
是否参加过专业化统防统治培训（X_{11}）	否	376	97.4	10	2.6	386	100
	是	48	15.7	258	84.3	306	100
和专业化统防治工作人员联系的难易程度（X_{12}）	很困难	111	98.2	2	1.8	113	100
	比较困难	222	98.7	3	1.3	225	100
	一般	60	90.9	6	9.1	66	100
	比较容易	21	12.7	144	87.3	165	100
	很容易	10	8.1	113	91.9	123	100
农药对身体健康影响的认知（X_{13}）	很小	62	98.4	1	1.6	63	100
	较小	154	98.7	2	1.3	156	100
	一般	81	90.0	9	10.0	90	100
	较大	120	42.0	166	58.0	286	100
	很大	7	7.2	90	92.8	97	100
农药对环境影响的认知（X_{14}）	很小	48	100	0	0	48	100
	较小	97	100	0	0	97	100
	一般	124	95.4	6	4.6	130	100
	较大	128	48.3	137	51.7	265	100
	很大	27	17.8	125	82.2	152	100

③ 文化程度。从表7-2中可以看出，在692个调研样本户中，文化程度为文盲和小学的农户分别有21户和138户，且都没有采纳专业化统

防统治。初中文化程度的农户有 250 户，其中 184 户没有采纳专业化统防统治，占 73.6%；66 户采纳了专业化统防统治，占 26.4%。高中或中专文化程度的农户有 261 户，其中 80 户没有采纳专业化统防统治，占 30.7%；181 户采纳了专业化统防统治，占 69.3%。大专及以上文化程度的农户有 22 户，其中 1 户没有采纳专业化统防统治，占 4.5%；21 户采纳了专业化统防统治，占 95.5%。可见，被调研农户中，农户文化程度越高，越会采纳专业化统防统治。

④ 社会身份。从表 7－2 中可以看出，在 692 户调研样本户中，有 611 户农户不是党员或村（乡、镇）干部，其中 404 户没有采纳专业化统防统治，占 66.1%；207 户采纳了专业化统防统治，占 33.9%。党员或非干部的农户有 81 户，其中 20 户没有采纳专业化统防统治，占 24.7%；61 户采纳了专业化统防统治，占 75.3%。可见，被调研农户中，党员或村（乡、镇）干部的农户相对非党员或非干部的农户，更会采纳专业化统防统治。

（2）经营特征。

邻地采纳专业化统防统治情况。从表 7－2 中可以看出，在 692 个样本户中，489 户农户的邻地没有采纳专业化统防统治，其中 327 户农户没有采纳专业化统防统治，占 66.9%；162 户有采纳了专业化统防统治，占 33.1%。203 户农户的邻地采纳了专业化统防统治，其中 97 个没有采纳专业化统防统治，占 47.8%；106 户采纳了专业化统防统治，占 52.2%。可见，被调研农户中，邻地采纳了专业化统防统治的农户相对邻地没有采纳专业化统防统治的农户，更会采纳专业化统防统治。

对专业化统防统治的了解程度。从表 7－2 中可以看出，在 692 个调研样本户中，对专业化统防统治很不了解的农户有 140 户，其中 137 户没有采纳专业化统防统治，占 97.9%；3 户采纳了专业化统防统治，占 2.1%。对专业化统防统治比较不了解的农户有 79 户，其中，78 户没有采纳专业化统防统治，占 98.7%；1 户采纳了专业化统防统治，占 1.3%。对专业化统防统治一般了解的农户有 148 户，其中 141 户没有采纳专业化统防统治，占 95.3%；7 户采纳了专业化统防统治，占 4.7%。对专业化统防统治比较了解的农户有 207 户，其中 62 户没有采纳专业化统防统治，占 30.0%；145 户采纳了专业化统防统治，占 70.0%。对专业化统防统治很了解的农户有 118 户，其中 6 户没有采纳专业化统防统治，占 5.1%；112 户采纳了专业化统防统治，占 94.9%。可见，被调研农户中，对专业化统防统治了解程度越深的农户，越会采纳专业化统防统治。

参加专业化统防统治培训。从表 7-2 中可以看出，在 692 个样本户中，有 386 户农户没有参加过专业化统防统治培训，其中 376 户没有采纳专业化统防统治，占 97.4%；10 户采纳了专业化统防统治，占 2.6%。有 306 户农户参加过专业化统防统治培训，其中 48 户没有采纳专业化统防统治，占 15.7%；258 户采纳了专业化统防统治，占 84.3%。可见，被调研农户中，参加过专业化统防统治培训的农户相对没有参加过专业化统防统治培训的种稻户，更会采纳专业化统防统治。

与专业化统防统治工作人员联系的难易程度方面，从表 7-2 中可以看出，在 692 个调研样本户中，与专业化统防统治工作人员联系很困难的农户有 113 户，其中 111 户没有采纳专业化统防统治，占 98.2%；2 户采纳了专业化统防统治，占 1.8%。与专业化统防统治工作人员联系比较困难的农户有 225 户，其中，222 户没有采纳专业化统防统治，占 98.7%；3 户采纳了专业化统防统治，占 1.3%。与专业化统防统治工作人员联系难易程度一般的农户有 66 户，其中 60 户没有采纳专业化统防统治，占 90.9%；6 户采纳了专业化统防统治，占 9.1%。与专业化统防统治工作人员联系比较容易的农户有 165 户，其中 21 户没有采纳专业化统防统治，占 12.7%；144 户采纳了专业化统防统治，占 87.3%。与专业化统防统治工作人员联系很容易的农户有 123 户，其中 10 户没有采纳专业化统防统治，占8.1%；113户采纳了专业化统防统治，占91.9%。可见，被调研农户中，与专业化统防统治工作人员联系越容易的农户，越会采纳专业化统防统治。

（3）认知特征。

农药对身体健康影响的认知方面，从表7-2中可以看出，在692个调研样本户中，认为农药对身体健康影响很小的农户有63户，其中62户没有采纳专业化统防统治，占98.4%；1户采纳了专业化统防统治，占1.6%。认为农药对身体健康影响比较小的农户有156户，其中，154户没有采纳专业化统防统治，占98.7%；2户采纳了专业化统防统治，占1.3%。认为农药对身体健康影响一般的农户有90户，其中81户没有采纳专业化统防统治，占90.0%；9户采纳了专业化统防统治，占10.0%。认为农药对身体健康影响较大的农户有286户，其中120户没有采纳专业化统防统治，占42.0%；166户采纳了专业化统防统治，占58.0%。认为农药对身体健康影响很大的种稻户有97户，其中7户没有采纳专业化统防统治，占7.2%；90户采纳了专业化统防统治，占92.8%。可见，被调研农户中，认为农药对身体健康影响程度越大的农户，越会采纳专业化统防统治。

农药对环境影响的认知方面，从表7-2中可以看出，在692个调研样本户中，认为农药对环境影响很小和较小的农户分别有48户和97户，都没有采纳专业化统防统治。认为农药对环境影响一般的农户有130户，其中124户没有采纳专业化统防统治，占95.4%；6户采纳了专业化统防统治，占4.6%。认为农药对环境影响较大的农户有265户，其中128户没有采纳专业化统防统治，占48.3%；137户采纳了专业化统防统治，占51.7%。认为农药对环境影响很大的农户有152个，其中27户没有采纳专业化统防统治，占17.8%；125户采纳了专业化统防统治，占82.2%。可见，被调研农户中，认为农药对环境影响程度越大的农户，越会采纳专业化统防统治。

2. 农户采纳行为与家庭特征的交叉分析

从表7-3中可以看出，没有将采纳专业化统防统治的家庭中务农人数的均值是1.55，采纳了专业化统防统治的家庭中务农人数的均值是1.83，说明务农人数正向影响农户专业化统防统治采纳行为；没有将采纳专业化统防统治的家庭中非农收入占比的均值是74.9%，采纳了专业化统防统治的家庭中非农收入占比的均值是20.9%，说明非农收入占比负向影响农户专业化统防统治采纳行为；没有将采纳专业化统防统治的家庭种植面积的均值是6.980亩，采纳了专业化统防统治的家庭种植面积的均值是59.973亩，说明种植面积正向影响农户专业化统防统治采纳行为；没有将采纳专业化统防统治的家庭水稻种植年限的均值是29.98年，采纳了专业化统防统治的家庭水稻种植年限的均值是22.95年，说明水稻种植年限负向影响农户专业化统防统治采纳行为。

表7-3 农户专业化统防统治采纳行为统计描述结果

变量	采纳行为	N	平均数	标准差	标准误	95% 置信区间		最小值	最大值
						下限	上限		
务农人数（X_5）	没有采纳	424	1.55	0.672	0.033	1.49	1.61	1	5
	采纳	268	1.83	0.728	0.044	1.74	1.92	1	4
	合计	692	1.66	0.707	0.027	1.61	1.71	1	5
非农收入占比（X_6）	没有采纳	424	0.749	0.259	0.013	0.724	0.773	0	0.99
	采纳	268	0.209	0.210	0.013	0.184	0.234	0	0.96
	合计	692	0.540	0.357	0.014	0.513	0.566	0	0.99
种植面积（X_7）	没有采纳	424	6.980	15.175	0.737	5.532	8.429	0.4	130.0
	采纳	268	59.973	27.692	1.692	56.643	63.304	1.5	316.0
	合计	692	27.503	33.236	1.263	25.023	29.984	0.4	316.0
种植年限（X_8）	没有采纳	424	29.98	8.513	0.413	29.16	30.79	5	45
	采纳	268	22.95	9.165	0.560	21.85	24.05	3	45
	合计	692	27.26	9.410	0.358	26.55	27.96	3	45

7.3.3 多重共线性检测

根据第 6 章的论述，为了保证数据分析的准确性和稳定性，在构建农户专业化统防统治采纳行为影响因素的二元 Logistic 模型之前，本章同样先对 14 个解释变量之间的相关性进行了检验，保证变量间不存在多重共线性。由于各解释变量和第 6 章是一样的，所以这里就不再重复，具体如表 6-5 所示。各解释变量之间不存在明显的多重共线性问题，因此可以对这 14 个变量进行回归分析。

7.4 农户专业化统防统治采纳行为的影响因素分析

7.4.1 农户专业化统防统治采纳行为的影响因素：相关性分析

为了分析哪些因素显著影响农户专业化统防统治采纳行为，本章计算了各自变量和因变量之间的 Pearson 相关系数。从表 7-4 可以看出，户主年龄、文化程度、社会身份、务农人数、非农收入占比、水稻种植面积、水稻种植年限、邻地是否采纳专业化统防统治、对专业化统防统治的了解程度、是否参加过专业化统防统治培训、与专业化统防统治工作人员联系的难易程度、农药对身体影响的认知、农药对环境影响的认知这 13 个变量在 1% 的统计水平上和农户专业化统防统治采纳行为差异性显著相关，其中户主年龄、非农收入占比、水稻种植年限这 3 个变量和农户专业化统防统治采纳行为显著负相关，而文化程度、社会身份、务农人数、水稻种植面积、邻地是否采纳专业化统防统治、对专业化统防统治的了解程度、是否参加过专业化统防统治培训、与专业化统防统治工作人员联系的难易程度、农药对身体健康影响的认知、农药对环境影响的认知这10个变量和农户专业化统防统治采纳行为显著正相关。户主性别显著正向影响农户专业化统防统治采纳行为，且回归系数在5%的水平上显著。

表 7-4 相关性分析结果

自变量	Pearson 相关系数	Sig.
性别（X_1）	0.076	0.046
年龄（X_2）	-0.318	0.000
文化程度（X_3）	0.595	0.000
社会身份（X_4）	0.264	0.000
务农人数（X_5）	0.199	0.000
非农收入占比（X_6）	-0.746	0.000
水稻种植面积（X_7）	0.796	0.000
水稻种植年限（X_8）	-0.377	0.000
邻地是否采纳专业化统防统治（X_9）	0.159	0.000
对专业化统防统治的了解程度（X_{10}）	0.707	0.000
是否参加过专业化统防统治培训（X_{11}）	0.833	0.000
与专业化统防统治工作人员联系的难易程度（X_{12}）	0.809	0.000
农药对身体健康影响的认知（X_{13}）	0.644	0.000
农药对环境影响的认知（X_{14}）	0.604	0.000

7.4.2 农户专业化统防统治采纳行为的影响因素：二元 Logistic 回归分析

以上相关性分析只是检验了单个自变量与因变量之间是否存在显著的相关关系及其作用方向，由于影响农户专业化统防统治采纳行为的因素之间可能存在相互作用，因此，有必要建立计量经济模型，进一步审视这些因素对农户专业化统防统治采纳行为的影响程度及显著性水平。本章采用二元 Logistic 回归模型进行评估，结果如表 7-5 所示。由模型结果可知，LR chi^2 值为 142.44，所对应的概率值为 0，说明模型在 1% 的显著性水平上拒绝所有估计系数都为零的原假设；Pseudo R^2 值为 0.819，说明自变量对因变量的变化具有较强的解释能力。显著影响农户专业化统防统治采纳行为的因素有户主文化程度、务农人数、水稻种植面积、对专业化统防统治了解程度、是否参加过专业化统防统治培训、农药对身体健康影响的认知、农药对环境影响的认知，而户主性别、年龄、社会身份、非农收入占比、水稻种植年限、邻地是否采纳专业化统防统治、与专业化统防统治工作人员联系的难易程度这 7 个因素均不对专业化统防统治采纳行为造成显著影响。对估计结果具体分析如表 7-5 所示。

表 7-5 Logistic 模型估计结果

Y	系数	稳健标准差	Z 值	P > |z|	95% 的置信区间	
性别（X_1）	0.221	0.430	0.51	0.607	-0.622	1.065
年龄（X_2）	-0.270	0.611	-0.44	0.659	-1.468	0.929
文化程度（X_3）	0.850	0.461	1.84	0.065	-0.053	1.753
社会身份（X_4）	-0.906	0.596	-1.52	0.129	-2.074	0.263
务农人数（X_5）	0.555	0.293	1.89	0.059	-0.020	1.130
非农收入占比（X_6）	-0.305	1.110	-0.27	0.784	-2.481	1.872
水稻种植面积（X_7）	0.045	0.017	2.64	0.008	0.011	0.078
水稻种植年限（X_8）	-0.026	0.053	-0.49	0.626	-0.131	0.079
邻地是否采纳专业化统防统治（X_9）	-0.173	0.464	-0.37	0.709	-1.082	0.736
对专业化统防统治的了解程度（X_{10}）	0.640	0.309	2.07	0.038	0.344	1.244
是否参加过专业化统防统治培训（X_{11}）	1.925	0.592	3.25	0.001	0.765	3.084
与专业化统防统治工作人员联系的难易程度（X_{12}）	0.311	0.298	1.04	0.296	-0.272	0.894
农药对身体健康影响的认知（X_{13}）	0.998	0.342	2.92	0.004	0.328	1.669
农药对环境影响的认知（X_{14}）	0.655	0.380	1.72	0.085	-0.091	1.400
常数项	-15.101	3.370	-4.48	0.000	-21.704	-8.497

模型整体检验统计量

总样本	692		
Log pseudolikelihood	-83.776	Prob > chi^2	0.0000
LR chi^2	142.44	Pseudo R^2	0.819

（1）户主文化程度显著正向影响农户专业化统防统治采纳行为。户主文化程度在10%的水平上显著，回归系数为正，说明文化程度越高的户主越会采纳专业化统防统治。这与预期估计结果相同。

（2）务农人数显著正向影响农户专业化统防统治采纳行为。务农人数在10%的水平上显著，回归系数为正，说明务农人数越少的家庭越不会去采纳专业化统防统治。这与预期结果相反，可能的原因是，务农人数较少的家庭中，农民的兼业化或非农化行为可以使他们开阔视野、增长见识、学习新技能，以至于他们把更多资本、劳动力等要素用于非农生产，从而不会去采纳专业化统防统治。

（3）水稻种植面积显著正向影响农户专业化统防统治采纳行为。水稻种植面积在1%的水平上显著，且回归系数为正，说明水稻种植面积越大，农户越会采纳专业化统防统治，以提高水稻病虫害防治效率和防治效果，提高水稻单位亩产量的同时降低施药成本以达到利润最大化。

（4）对专业化统防统治的了解程度显著正向影响农户专业化统防统治采纳行为。对专业化统防统治的了解程度在5%的水平上显著，且回归系数为正，说明农户对专业化统防统治越了解，越会采纳专业化统防统治。

（5）是否有人参加过专业化统防统治培训显著正向影响农户专业化统防统治采纳行为。是否有人参加过专业化统防统治培训在1%的水平上显著，且回归系数为正，说明专业化统防统治培训会促使农户采纳专业化统防统治。

（6）农药对身体健康影响的认知显著正向影响农户专业化统防统治采纳行为。农药对身体健康影响的认知在1%的水平上显著，且回归系数为正，说明农户的健康意识越强，越会采纳专业化统防统治。在调查样本户中，认为农药对身体影响较大或很大的农户所占比例达到了55.3%，说明当前农户的健康意识较高。所以，为了自身健康考虑，在其他条件成熟的条件下，农户会采纳专业化统防统治。

（7）农药对环境影响的认知显著正向影响农户专业化统防统治采纳行为。农药对环境影响的认知在 10% 的水平上显著，且回归系数为正，说明农户的环保意识越强，越会采纳专业化统防统治。在调查样本户中，认为农药对环境影响较大或很大的农户所占比例达到了 60.3%，说明随着时代的不断发展，农户生态环保意识的逐步提高，会促使其采纳专业化统防统治。

另外，社会身份对农户专业化统防统治采纳行为影响为负但不显著。社会身份回归系数为负，说明身为党员或乡（镇、村）干部的农户越没有采纳专业化统防统治。这与预期估计结果相反，通过翻阅原始问卷了解到，一些乡（镇、村）干部或党员的农户，其家庭重心是非农化生产，水稻种植面积较小，以至于没有采纳专业化统防统治。因此，社会身份不是农户专业化统防统治采纳行为的重要影响因素。非农收入占比对农户专业化统防统治采纳行为影响为负但不显著。说明非农收入占比越高的农户不会采纳专业化统防统治，且非农收入占比不是农户专业化统防统治采纳行为的重要影响因素。邻地是否采纳专业化统防统治对农户专业化统防统治采纳行为影响为负但不显著，这说明邻地采纳了专业化统防统治的农户也不会去采纳专业化统防统治。这与预期估计结果相反，通过翻阅原始问卷了解到，大部分邻地采纳了专业化统防统治的农户，其自身耕地规模较小，病虫害防治完全可以采取自防自治，以至于最终没有采纳专业化统防统治。因此，邻地是否采纳专业化统防统治不是农户专业化统防统治采纳行为的重要影响因素。

7.4.3 稳健性检验

为验证上述模型估计结果的稳健性，本章通过替换计量方法和自变量进行测试，以期各模型的估计结果相互印证。

首先，采用二元 Probit 模型回归，结果如表 7 - 6 所示。所有自变量的显著性、系数的符号与表 7 - 5 相比并无本质变化。

表 7 - 6　　　　　　　　　　Probit 模型估计结果

Y	系数	稳健标准误	Z 值	P > |z|	95% 的置信区间	
性别（X_1）	0.119	0.214	0.56	0.578	- 0.300	0.539
年龄（X_2）	- 0.092	0.282	- 0.32	0.745	- 0.645	0.462
文化程度（X_3）	0.491	0.215	2.28	0.023	0.069	0.913
社会身份（X_4）	- 0.454	0.287	- 1.58	0.114	- 1.017	0.110
务农人数（X_5）	0.319	0.157	2.03	0.042	0.011	0.626
非农收入占比（X_6）	- 0.274	0.508	- 0.54	0.590	- 1.270	0.722
水稻种植面积（X_7）	0.022	0.008	2.86	0.004	0.007	0.037
水稻种植年限（X_8）	- 0.014	0.024	- 0.59	0.554	- 0.062	0.033
邻地是否采纳专业化统防统治（X_9）	- 0.130	0.218	- 0.59	0.553	- 0.558	0.298
对专业化统防统治的了解程度（X_{10}）	0.336	0.143	2.34	0.019	0.055	0.617
是否参加过专业化统防统治培训（X_{11}）	1.050	0.305	3.44	0.001	0.452	1.648
与专业化统防统治工作人员联系的难易程度（X_{12}）	0.164	0.136	1.20	0.230	- 0.103	0.430
农药对身体健康影响的认知（X_{13}）	0.495	0.184	2.69	0.007	0.134	0.856
农药对环境影响的认知（X_{14}）	0.362	0.184	1.97	0.049	- 0.001	0.722
常数项	- 8.162	1.474	- 5.54	0.000	- 11.051	- 5.274

模型整体检验统计量

总样本	692		
Log pseudolikelihood	- 84.709	Prob > chi^2	0.0000
LR chi^2	185.53	Pseudo R^2	0.817

其次，采用自变量替换的方法，先用"农业收入占比（X_{15}）"替代"非农收入占比（X_6）"，用"对农业生态环境退化的了解程度（X_{16}）"替代"农药对环境影响的认知程度（X_{14}）"，再采用二元 Logistic 模型回归。结果如表 7 - 7 所示，所有自变量的显著性、系数的符号与表 7 - 5 相比并无本质变化。

表 7 - 7   稳健性检验结果

Y	系数	稳健标准误	Z 值	P > |z|	95% 的置信区间	
性别（X_1）	0.262	0.438	0.60	0.549	- 0.597	1.122
年龄（X_2）	- 0.271	0.628	- 0.43	0.666	- 1.501	0.959
文化程度（X_3）	0.871	0.442	1.97	0.049	0.005	1.738
社会身份（X_4）	- 0.845	0.625	- 1.35	0.176	- 2.070	0.379
务农人数（X_5）	0.555	0.305	1.82	0.069	- 0.043	1.153
水稻种植面积（X_7）	0.044	0.017	2.53	0.011	0.010	0.078
水稻种植年限（X_8）	- 0.024	0.053	- 0.46	0.648	- 0.127	0.079
邻地是否采纳专业化统防统治（X_9）	- 0.162	0.463	- 0.35	0.726	- 1.070	0.746
对专业化统防统治的了解程度（X_{10}）	0.626	0.298	2.10	0.036	0.042	1.210
是否参加过专业化统防统治培训（X_{11}）	2.050	0.596	3.44	0.001	0.881	3.218
与专业化统防统治工作人员联系的难易程度（X_{12}）	0.245	0.294	0.83	0.404	- 0.331	0.820
农药对身体健康影响的认知（X_{13}）	0.949	0.344	2.76	0.006	0.275	1.622
农业收入占比（X_{15}）	0.324	1.143	0.28	0.777	- 1.917	2.565
对农业生态环境退化的了解程度（X_{16}）	0.989	0.378	2.62	0.009	0.250	1.730
常数项	- 16.535	3.395	- 4.87	0.000	- 23.189	- 9.881

模型整体检验统计量

总样本	692		
Log pseudolikelihood	- 82.125	Prob > chi^2	0.0000
LR chi^2	141.44	Pseudo R^2	0.822

通过以上检测，不论是计量方法替换还是自变量替换，所有自变量的显著性、系数符号均未发生显著变化，充分说明本章模型设定合理，实证分析结论总体稳健。

7.5 本章小结

本章利用鄱阳湖生态经济区 692 个水稻种植农户的实地调研数据，采用二元 Logistic 模型分析农户采纳专业化统防统治采纳行为的影响因素，调查结果表明：在 692 个样本户中，有 268 个农户采纳专业化统防统治，424 个农户没有采纳专业化统防统治。

实证研究发现，农户户主性别、年龄、社会身份、非农收入占比、水稻种植年限、邻地是否采纳专业化统防统治、与专业化统防统治工作人员联系的难易程度对专业化统防统治采纳行为没有显著影响；户主文化程度、务农人数、水稻种植面积、对专业化统防统治了解程度、是否参加过专业化统防统治培训、农药对身体健康影响的认知、农药对环境影响的认知这 7 个因素对农户专业化统防统治采纳行为有显著正向影响。

分析结果表明：户主文化程度越高的农户越会采纳专业化统防统治；务农人数越少的家庭越不会采纳专业化统防统治；水稻种植面积越大的农户越会采纳专业化统防统治；对专业化统防统治越了解的农户越会去采纳专业化统防统治；参加过专业化统防统治培训的农户更会去采纳专业化统防统治；认为农药对身体健康影响越大的农户，越会采纳专业化统防统治；认为农药对环境影响越大的农户，越会采纳专业化统防统治。

第 **8** 章

农户专业化统防统治采纳意愿与采纳行为的差异性分析

8.1 专业化统防统治采纳意愿与采纳行为差异性的影响因素

8.2 模型构建和变量说明

8.3 农户专业化统防统治采纳意愿与采纳行为差异性分析

8.4 农户专业化统防统治采纳意愿与采纳行为差异性影响因素的分析

8.5 本章小结

实际行为的选择离不开潜在意愿的推动，因此，农户专业化统防统治采纳意愿对采纳行为的实际发生具有一定促进作用。事实上，从有采纳意愿到实际发生采纳行为的整个过程中，会受到诸多因素的影响，使得农户专业化统防统治的采纳意愿与采纳行为之间存在一定偏差。因此，探讨农户专业化统防统治采纳意愿和行为之间的差异，并对差异产生的原因进行分析，有利于促使农户将潜在的采纳意愿转化为实际的采纳行为，以便为促进专业化统防统治的推广和发展提供一定政策建议。

8.1 专业化统防统治采纳意愿与采纳行为差异性的影响因素

本章结合前文采纳意愿影响因素和采纳行为影响因素的论述，剔除掉对采纳意愿和采纳行为均不显著的影响因素，提出以下理论假设。

1. 户主个人特征

户主个人特征包括性别、年龄、文化程度。

（1）性别。户主性别显著正向影响农户专业化统防统治采纳意愿，而对农户专业化统防统治采纳行为没有显著影响。因此，本书假设8-1：户主性别对农户专业化统防统治采纳意愿与采纳行为差异性的影响不确定。

（2）年龄。户主年龄显著负向影响农户专业化统防统治采纳意愿，而对农户专业化统防统治采纳行为没有显著影响。因此，本书假设8-2：户主年龄对农户专业化统防统治采纳意愿与采纳行为差异性的影响不确定。

（3）文化程度。户主文化程度显著正向影响农户专业化统防统治采纳意愿，且显著正向影响对农户专业化统防统治采纳行为。因此，本书假设8-3：户主文化程度对农户专业化统防统治采纳意愿与采纳行为差异性的影响为负。

2. 家庭特征

家庭特征包括家庭务农人数、水稻种植面积和水稻种植年限。

（1）务农人数。务农人数对农户专业化统防统治采纳意愿没有显著影响，而对采纳行为有显著正向影响。因此，本书假设8-4：务农人数对农户专业化统防统治采纳意愿与采纳行为差异性的影响不确定。

（2）水稻种植面积。水稻种植面积显著正向影响农户专业化统防统治采纳意愿，且对采纳行为有显著正向影响。因此，本书假设8-5：水稻种植面积对农户专业化统防统治采纳意愿与采纳行为差异性的影响为负。

（3）水稻种植年限。水稻种植年限显著正向影响农户专业化统防统治采纳意愿，但对采纳行为没有显著影响。因此，本书假设8-6：水稻种植年限对农户专业化统防统治采纳意愿与采纳行为差异性的影响不确定。

3. 生产经营特征

生产经营特征包括对专业化统防统治的了解程度、是否参加过专业化统防统治培训。

（1）对专业化统防统治的了解程度。农户对专业化统防统治的了解程度，既显著正向影响专业化统防统治采纳意愿，又显著正向影响其采纳行为。因此，本书假设8-7：农户对专业化统防统治的了解程度负向影响农户专业化统防统治采纳意愿与采纳行为的差异性。

（2）是否参加过专业化统防统治的培训。专业统防统治，既显著正向影响专业化统防统治采纳意愿，又显著正向影响其采纳行为。因此，本书假设8-8：农户是否参加过专业化统防统治的培训负向影响农户专业化统防统治采纳意愿与采纳行为的差异性。

4 认知特征

认知特征包括农药对身体健康影响的认知、农药对环境影响的认知。

（1）农药对身体健康影响的认知。农药对身体健康影响的认知，既显著正向影响专业化统防统治采纳意愿，又显著正向影响其采纳行为。因此，本书假设 8-9：农药对身体健康影响的认知负向影响农户专业化统防统治采纳意愿与采纳行为的差异性。

（2）农药对环境影响的认知。农药对环境影响的认知既显著正向影响专业化统防统治采纳意愿又显著正向影响其采纳行为。因此，本书假设 8-10：农药对环境影响的认知负向影响农户专业化统防统治采纳意愿与采纳行为的差异性。

 8.2 **模型构建和变量说明**

8.2.1 模型构建

根据现有关于农户专业化统防统治的文献综述及前文分析结论，农户专业化统防统治采纳意愿与采纳行为差异性受农户个人特征、家庭特征、经营特征、认知特征等 4 类 10 个因素的影响。因此，本书构建如下农户专业化统防统治采纳意愿与行为选择差异性的函数形式：

y（农户专业化统防统治采纳意愿与采纳行为差异性）$=F$（农户个人特征、家庭特征、生产经营特征、认知特征）+ 随机干扰项

由于本章的解释变量为农户专业化统防统治采纳意愿与采纳行为的差异性，结果有"不一致"和"一致"两种情况，这实际上是一个二元选择问题。因此，本章采用二元选择模型中的 Logistic 模型来分析差异性的影响因素。

二元 Logistic 模型基本形式如下：

$$p = F(y = 1 \mid X_i) = \frac{1}{1 + e^{-y}} \tag{8.1}$$

式（8.1）中，y 表示农户专业化统防统治采纳意愿与采纳行为的差异性，$y = 1$ 表示农户专业化统防统治采纳意愿与采纳行为一致；$y = 0$ 表示农户专业化统防统治采纳意愿与采纳行为不一致。p 表示农户专业化统防统治采纳意愿与采纳行为差异性的概率；$X_i(i = 1, 2, \cdots, n)$ 被定义为可能影响农户专业化统防统治采纳意愿与采纳行为差异性的因素。

式（8.1）中，y 是变量 $X_i(i = 1, 2, \cdots, n)$ 的线性组合，即：

$$y = b_0 + b_1 x_1 + b_2 x_2 + \cdots + b_n x_n \tag{8.2}$$

式（8.2）中，$b_i(i = 1, 2, \cdots, n)$ 为第 i 个解释变量的回归系数。b_i 为正，表示第 i 个因素正向影响农户专业化统防统治采纳意愿与采纳行为的差异性；反之，则表示第 i 个因素负向影响农户专业化统防统治采纳意愿与采纳行为的差异性。

对式（8.1）和式（8.2）进行变换，得到以发生比表示的 Logistic 模型形式如下：

$$\mathrm{Ln}\left(\frac{p}{1-p}\right) = b_0 + b_1 x_1 + b_2 x_2 + \cdots + b_n x_n + \varepsilon \tag{8.3}$$

式（8.3）中，b_0 为常数项，ε 为随机误差。

8.2.2 变量说明

根据上述研究假说，本书在构建农户病虫害专业化统防统治采纳意愿与采纳行为差异性的计量经济模型时，选择了 4 类共 10 个变量。变量的名称、解释及其预期影响方向如表 8 - 1 所示。

表 8 - 1 计量模型变量选择与说明

变量名称			变量定义	平均值	标准差	预期方向
被解释变量	农户专业化统防统治采纳意愿与采纳行为是否一致		0 = 不一致；1 = 一致	0.45	0.498	
解释变量	1. 户主个人特征	性别（X_1）	0 = 女；1 = 男	0.78	0.413	?
		年龄（X_2）	1 = 30 岁及以下；2 = 31 ~ 40 岁；3 = 41 ~ 50 岁；4 = 51 ~ 60 岁；5 = 60 岁以上	3.42	0.850	?
		文化程度（X_3）	1 = 文盲；2 = 小学；3 = 初中；4 = 高中或中专；5 = 大专及以上	3.61	0.594	－
	2. 家庭特征	务农人数（X_4）	农户实际务农人数（人）	1.65	0.697	?
		水稻种植面积（X_5）	按农户实际水稻种植面积计算（亩）	37.54	34.753	－
		水稻种植年限（X_6）	按农户实际水稻种植年限计算（年）	24.32	8.729	?
	3. 生产经营特征	对专业化统防统治了解程度（X_7）	1 = 很不了解；2 = 比较不了解；3 = 一般；4 = 比较了解；5 = 很了解	3.81	0.920	－
		是否参加过专业化统防统治培训（X_8）	0 = 否；1 = 是	0.62	0.487	－
	4. 认知特征	农药对身体健康影响的认知（X_9）	1 = 很小；2 = 比较小；3 = 一般；4 = 比较大；5 = 很大	3.89	0.817	－
		农药对环境影响的认知（X_{10}）	1 = 很小；2 = 比较小；3 = 一般；4 = 比较大；5 = 很大	4.14	0.689	－

注："?"表示影响方向不确定；"－"表示负方向影响。

8.3 农户专业化统防统治采纳意愿与采纳行为差异性分析

8.3.1 专业化统防统治采纳意愿与采纳行为差异性总体情况分析

为了考察农户专业化统防统治采纳意愿与采纳行为的差异性，在调研的样本户中，筛选掉样本户中"没有采纳意愿"的种稻户 201 户，剩下 491 户有采纳意愿（见表 8－2），即这些农户愿意采纳专业化统防统治。在这些农户中，又有 268 户采纳了专业化统防统治，占采纳意愿总体的 54.6%，还有 223 户没有采纳专业化统防统治，占采纳意愿总体的 45.4%。以上结果表明，当前农户专业化统防统治采纳意愿和采纳行为的差异性较高，约占有意愿总体样本的一半。

表 8－2　　　　专业化统防统治采纳意愿与采纳行为交叉分析

变量		是否采纳专业化统防统治				合计	
		不采纳		采纳			
		人数（人）	比例（%）	人数（人）	比例（%）	人数（人）	比例（%）
是否愿意采纳专业化统防统治	不愿意	201	100.0	0	0	201	100.0
	愿意	223	45.4	268	54.6	491	100.0
合计		424	61.3	268	38.7	692	100.0

8.3.2 专业化统防统治采纳意愿与采纳行为差异性各变量描述分析

为了清楚分析引致农户专业化统防统治采纳意愿与采纳行为差异性

的原因，有必要先对各自变量与差异性进行描述统计分析。但是由于户主个人特征、生产经营特征、认知特征都是分类变量，而家庭特征是尺度变量，所以分两步进行描述统计分析。

第一步，分析农户户主个人特征、生产经营特征、认知特征与意愿和行为差异性的交叉分析。具体情况如表 8-3 所示。

表 8-3　　农户专业化统防统治采纳意愿与采纳行为差异性统计描述结果

变量	特征	采纳意愿与采纳行为不一致的农户		采纳意愿与采纳行为一致的农户	
		人数（人）	比例（%）	人数（人）	比例（%）
性别（X_1）	女	49	22.0	58	21.6
	男	174	78.0	210	78.4
年龄（X_2）	30 岁及以下	0	0	9	3.4
	31~40 岁	12	5.4	34	12.7
	41~50 岁	98	43.9	110	41.0
	51~60 岁	84	37.7	100	37.3
	60 岁以上	29	13.0	15	5.6
文化程度（X_3）	小学	6	2.7	0	0
	初中	137	61.4	66	24.6
	高中或中专	79	35.4	181	67.5
	大专及以上	1	0.5	21	7.9
对专业化统防统治的了解程度（X_7）	很不了解	6	2.7	3	1.1
	比较不了解	23	10.3	1	0.4
	一般了解	131	58.7	7	2.6
	比较了解	57	25.6	145	54.1
	很了解	6	2.7	112	41.8
是否参加过专业化统防统治培训（X_8）	否	179	80.3	10	3.7
	是	44	19.7	258	96.3

续表

变量	特征	采纳意愿与采纳行为不一致的农户		采纳意愿与采纳行为一致的农户	
		人数（人）	比例（%）	人数（人）	比例（%）
农药对身体健康影响的认知（X_9）	很小	2	0.9	1	0.4
	较小	32	14.3	2	0.7
	一般	64	28.8	9	3.4
	较大	118	52.9	166	61.9
	很大	7	3.1	90	33.6
农药对环境影响的认知（X_{10}）	较小	4	1.8	0	0
	一般	69	30.9	6	2.3
	较大	122	54.7	139	51.8
	很大	28	12.6	123	45.9

1. 性别

从表8-3中可以看出，从户主的性别来看，在农户专业化统防统治采纳意愿与采纳行为不一致和一致的样本中，男性户主所占比例都很高，分别为78.0%和78.4%。说明，男性户主相对女性户主对专业化统防统治采纳意愿与采纳行为差异性影响更大。

2. 年龄

从户主的年龄来看，在农户专业化统防统治采纳意愿与采纳行为不一致和一致的样本中，户主年龄在41~50岁年龄段的农户所占比例都最高，分别为43.9%和41.0%；其次户主年龄在51~60岁年龄段的农户，分别为37.7%和37.3%；最低的都是户主年龄在30岁及以下年龄段的农户，分别为0和3.4%。

3. 文化程度

从农户的文化程度来看，在农户专业化统防统治采纳意愿与采纳行为一致的样本中，文化程度为高中或中专的农户所占比例最高，占67.5%；其次是初中文化程度的农户，占24.6%；小学文化程度的农户所占比例最小，为0。

4. 对专业化统防统治的了解程度

从对专业化统防统治的了解程度来看，在农户专业化统防统治采纳意愿与采纳行为一致的样本中，比较了解的农户所占比例最高，占54.1%；其次是很了解的农户，占41.8%；最低的是比较不了解的农户，占0.4%。

5. 是否参加过专业化统防统治培训

从是否参加过专业化统防统治培训来看，没有参加过专业化统防统治培训的农户在专业化统防统治采纳意愿与采纳行为不一致的样本中所占比例很高，占80.3%，大约是参加过专业化统防统治培训农户所占比例的4倍；而参加过专业化统防统治培训的农户在专业化统防统治采纳意愿与采纳行为一致的样本中所占比例非常高，占96.3%。

6. 农药对身体健康影响的认知

从农药对身体健康影响的认知来看，认为农药对身体健康影响较大的农户在专业化统防统治采纳意愿与采纳行为不一致和一致的样本中所占比例都最高，分别为52.9%和61.9%；而认为农药对身体健康影响很小的农户在专业化统防统治采纳意愿与采纳行为不一致和一致的样本中所占比例都最低，分别为0.9%和0.4%。

7. 农药对环境影响的认知

从农药对环境影响的认知来看，认为农药对环境影响较大的农户在专业化统防统治采纳意愿与采纳行为不一致和一致的样本中所占比例都最高，分别为54.7%和51.8%；认为农药对环境影响最小的农户在专业化统防统治采纳意愿与采纳行为不一致和一致的样本中所占比例都最低，均为0。

第二步，农户采纳意愿和采纳行为差异性与家庭特征的交叉分析。

从表8-4中可以看出，采纳意愿与采纳行为不一致的家庭中务农人数的均值是 1.43，而采纳意愿与采纳行为一致的家庭中务农人数的均值是 1.83，说明务农人数负向影响农户专业化统防统治采纳意愿与采纳行为的差异性；采纳意愿与采纳行为不一致的家庭水稻种植面积的均值是 10.57 亩，而采纳意愿与采纳行为一致的家庭水稻种植面积的均值是 59.97 亩，说明水稻种植面积负向影响农户专业化统防统治采纳意愿与采纳行为的差异性；采纳意愿与采纳行为不一致的家庭水稻种植年限的均值是 25.96 年，而采纳意愿与采纳行为一致的家庭水稻种植年限的均值是 22.95 年，说明水稻种植年限正向影响农户专业化统防统治采纳意愿与采纳行为的差异性。

表 8 – 4　　农户专业化统防统治采纳意愿与采纳行为差异性统计描述结果

变量	采纳意愿与采纳行为差异性	N	平均数	标准差	标准误	95% 置信区间	
						下限	上限
务农人数（X_4）	不一致	223	1.43	0.588	0.039	1.35	1.51
	一致	268	1.83	0.728	0.044	1.74	1.92
	合计	491	1.65	0.697	0.031	1.59	1.71
种植面积（X_5）	不一致	223	10.57	20.136	1.348	7.91	13.23
	一致	268	59.97	27.692	1.692	56.64	63.30
	合计	491	37.54	34.753	1.568	34.45	40.62
种植年限（X_6）	不一致	223	25.96	7.885	0.528	24.92	27.00
	一致	268	22.95	9.165	0.560	21.85	24.05
	合计	491	24.32	8.729	0.394	23.55	25.09

8.3.3　多重共线性检测

为了保证数据分析的准确性和稳定性，在构建农户专业化统防统治采纳意愿与采纳行为差异性影响因素的二元 Logistic 模型之前，本章同样先对户主性别、年龄、文化程度、务农人数、种植面积、种植年限、对专业化统防统治的了解程度、是否参加过专业化统防统治培训、农药对身体健康影响的认知、农药对环境影响的认知等解释变量之间的相关性进行了检验，保证变量间不存在多重共线性。本书运用 Stata 15.0 对选取的 10 个指标进行多重共线性分析，如表 8 - 5 所示。结果显示 VIF 值均处于 1.04 ~ 4.20，其中户主年龄 VIF 的值最大，为 4.20，小于 10，说明以上各解释变量之间不存在明显的多重共线性问题。因此可以对这 10 个变量进行回归估计。

表 8 - 5   各解释变量间的多重共线性检验

变量	VIF	1/VIF
性别（X_1）	1.04	0.963
年龄（X_2）	4.20	0.238
文化程度（X_3）	1.57	0.638
务农人数（X_4）	1.09	0.921
水稻种植面积（X_5）	2.25	0.444
水稻种植年限（X_6）	4.01	0.249
对专业化统防统治的了解程度（X_7）	1.81	0.552
是否参加过专业化防统治培训（X_8）	2.55	0.391
农药对身体健康影响的认知（X_9）	1.43	0.701
农药对环境影响的认知（X_{10}）	1.42	0.706
Mean	14	

 8.4 农户专业化统防统治采纳意愿与采纳行为差异性影响因素的分析

8.4.1 采纳意愿与采纳行为差异性的影响因素：相关性分析

为了分析哪些因素显著影响农户专业化统防统治采纳意愿与采纳行为差异性，本章计算了各自变量和因变量之间的 Pearson 相关系数。从表 8 - 6 可以看出，户主年龄、文化程度、务农人数、水稻种植面积、水稻种植年限、对专业化统防统治的了解程度、是否参加过专业化统防统治培训、农药对身体健康影响的认知、农药对环境影响的认知这9个变量在1%的统计水平上和农户专业化统防统治采纳意愿与采纳水平差异性显著相关，其中文化程度、务农人数、水稻种植面积、对专业化统防统治的了解程度、是否参加过专业化统防统治培训、农药对身体健康影响的认知、农药对环境影响的认知这7个变量和农户专业化统防统治采纳意愿与采纳水平差异性显著负相关，而户主年龄、水稻种植年限这2个变量和农户专业化统防统治采纳意愿与采纳水平差异性显著正相关。户主性别和农户专业化统防统治采纳意愿与采纳水平差异性的相关程度较小。

表8-6　　　　　　　　　　相关性分析结果

自变量	Pearson 相关系数	Sig.
性别（X_1）	-0.014	0.759
年龄（X_2）	0.195	0.000
文化程度（X_3）	-0.443	0.000
务农人数（X_4）	-0.293	0.000
水稻种植面积（X_5）	-0.733	0.000
水稻种植年限（X_6）	0.192	0.000
对专业化统防统治的了解程度（X_7）	-0.640	0.000
是否参加过专业化统防统治培训（X_8）	-0.783	0.000
农药对身体健康影响的认知（X_9）	-0.511	0.000
农药对环境影响的认知（X_{10}）	-0.475	0.000

8.4.2　采纳意愿与采纳行为差异性的影响因素：二元 Logistic回归分析

以上相关性分析只是检验了单个自变量与因变量之间是否存在显著的相关关系及其作用方向，由于影响农户专业化统防统治采纳意愿与采纳行为差异性的因素之间可能存在相互作用，因此，有必要建立计量经济模型进一步审视这些因素对农户专业化统防统治采纳意愿与采纳行为差异性的影响程度及显著性水平。本书采用二元 Logistic 回归模型进行评估，结果如表 8-7 所示。回归结果显示，模型的对数似然值和伪判决系数较理想，模型具有较好的解释能力。对估计结果具体分析如下。

表 8-7　　　　　　　　　　Logistic 模型估计结果

Y	系数	稳健标准误	Z 值	P > |z|	95% 的置信区间	
性别（X_1）	-0.113	0.471	-0.24	0.810	-1.036	0.809
年龄（X_2）	0.188	0.540	0.35	0.728	-0.870	1.246
文化程度（X_3）	-0.993	0.418	-2.37	0.018	-1.813	-0.173
务农人数（X_4）	-0.643	0.291	-2.21	0.027	-1.213	-0.073
水稻种植面积（X_5）	-0.053	0.010	-5.29	0.000	-0.072	-0.033
水稻种植年限（X_6）	0.018	0.051	0.35	0.725	-0.082	0.118
对专业化统防统治的了解程度（X_7）	-0.610	0.287	-2.13	0.033	-1.172	-0.048
是否参加过专业化统防统治培训（X_8）	-2.069	0.601	-3.44	0.001	-3.247	-0.892
农药对身体健康影响的认知（X_9）	-1.029	0.310	-3.32	0.001	-1.635	-0.422
对农业生态环境退化的了解程度（X_{10}）	-0.758	0.381	-1.99	0.047	-1.505	-0.010
常数项	16.206	2.923	5.54	0.000	10.476	21.936

模型整体检验统计量

总样本	491		
Log psewudolikelihood	-85.377	Prob > chi^2	0.0000
LR chi^2	124.41	Pseudo R^2	0.748

（1）户主性别对农户专业化统防统治采纳意愿与采纳行为差异性影响为负但不显著。说明户主性别与专业化统防统治采纳意愿与采纳行为差异性呈现负相关关系，但性别不是专业化统防统治采纳意愿与采纳行为差异性的重要影响因素。

（2）户主年龄对农户专业化统防统治采纳意愿与采纳行为差异性影响为正但不显著。说明户主年龄与专业化统防统治采纳意愿与采纳行为差异性呈现正相关关系，但户主年龄不是专业化统防统治采纳意愿与采纳行为差异性的重要影响因素。

（3）户主文化程度显著负向影响农户专业化统防统治采纳意愿与采纳行为差异性。户主文化程度在5%的水平上显著，且回归系数为负，说明农户文化程度越低，其专业化统防统治采纳意愿与采纳行为差异性的概率越大；反之，农户文化程度越高，专业化统防统治采纳意愿与采纳行为差异性概率越小。

（4）务农人数显著负向影响农户专业化统防统治采纳意愿与采纳行为差异性。务农人数在5%的水平上显著，且回归系数为负，说明农户家庭中，务农人数越少，其专业化统防统治采纳意愿与采纳行为差异性的概率越大；反之，务农人数越多，专业化统防统治采纳意愿与采纳行为差异性概率越小。

（5）水稻种植面积显著负向影响农户专业化统防统治采纳意愿与采纳行为差异性。水稻种植面积在1%的水平上显著，且回归系数为负，说明水稻种植面积越小，农户专业化统防统治采纳意愿与采纳行为差异性的概率越大；反之，专业化统防统治采纳意愿与采纳行为差异性概率越小。

（6）水稻种植年限对农户专业化统防统治采纳意愿与采纳行为差异性影响为正但不显著。说明种植年限与农户专业化统防统治采纳意愿与采纳行为差异性呈现正相关关系，但水稻种植年限不是专业化统防统治采纳意愿与采纳行为差异性的重要影响因素。

（7）对专业化统防统治的了解程度显著负向影响农户专业化统防统治采纳意愿与采纳行为差异性。对专业化统防统治了解程度在5%的水平上显著，且回归系数为负，说明农户对专业化统防统治越不了解，其专业化统防统治采纳意愿与采纳行为差异性的概率越大；反之，农户对专业化统防统治越了解，专业化统防统治采纳意愿与采纳行为差异性概率越小。可能原因是，对专业化统防统治有采纳意愿的农户，如果对专业化统防统治不够了解，那么将采纳意愿转化为采纳行为的可能性就会降低，从而出现采纳意愿与采纳行为的差异性。

（8）是否参加过专业化统防统治培训显著正向影响农户专业化防统治采纳意愿与采纳行为差异性。是否有人参加过专业化统防统治培训在1%的水平上显著，且回归系数为负，说明没有参加过专业化统防统治培训的农户，其专业化统防统治采纳意愿与采纳行为差异性的概率越大；反之，参加过专业化统防统治培训的农户，专业化统防统治采纳意愿与采纳行为差异性概率越小。可能原因是，对专业化统防统治有采纳意愿的农户，如果没有参加过专业化统防统治培训，那么将采纳意愿转化为采纳行为的推动力就较小，从而出现采纳意愿与采纳行为的差异性。

（9）农药对身体健康影响的认知显著负向影响农户专业化防统治采纳意愿与采纳行为差异性。农药对身体健康影响的认知在1%的水平上显著，且回归系数为负，说明农户认为农药对身体健康的影响越小，其专业化统防统治采纳意愿与采纳行为差异性的概率越大；反之，农户认为农药对身体健康的影响越大，专业化统防统治采纳意愿与采纳行为差异性概率越小。

（10）农药对环境影响的认知显著负向影响农户专业化统防统治采纳意愿与采纳行为差异性。农药对环境影响的认知在5%的水平上显著，且回归系数为负，说明农户认为农药对环境影响越小，其专业化统防统治采纳意愿与采纳行为差异性的概率越大；反之，农户认为农药对环境影响越大，专业化统防统治采纳意愿与采纳行为差异性概率越小。可能原因是，对专业化统防统治有采纳意愿的农户，如果认为农药对环境影响小，那么将采纳意愿转化为采纳行为的动力就较小，从而出现采纳意愿与采纳行为的差异性。

8.4.3　稳健性检验

为验证上述模型估计结果的稳健性，本书通过替换计量方法进行测试，以期各模型的估计结果相互印证。

首先，采用二元 Probit 模型回归，结果如表 8 - 8 所示。所有自变量的显著性、系数的符号与表 8 - 7 中的相比并无本质变化。

表 8 - 8　　　　　　　　Probit 模型估计结果

Y	系数	稳健标准误	Z 值	P > |z|	95% 的置信区间	
性别（X_1）	- 0.071	0.244	- 0.29	0.772	- 0.550	0.408
年龄（X_2）	0.071	0.265	0.27	0.788	- 0.449	0.592
文化程度（X_3）	- 0.555	0.211	- 2.64	0.008	- 0.968	- 0.142
务农人数（X_4）	- 0.356	0.151	- 2.36	0.018	- 0.653	- 0.060
水稻种植面积（X_5）	- 0.027	0.005	- 5.32	0.000	- 0.037	- 0.017
水稻种植年限（X_6）	0.011	0.025	0.42	0.676	- 0.039	0.060
对专业化统防统治的了解程度（X_7）	- 0.315	0.146	- 2.15	0.032	- 0.601	- 0.028
是否参加过专业化统防统治培训（X_8）	- 1.151	0.316	- 3.64	0.000	- 1.771	- 0.531
农药对身体健康影响的认知（X_9）	- 0.508	0.161	- 3.14	0.002	- 0.824	- 0.191
农药对环境影响的认知（X_{10}）	- 0.420	0.193	- 2.18	0.030	- 0.799	- 0.042
常数项	8.707	1.396	6.24	0.000	5.970	11.443

模型整体检验统计量

总样本	491		
Log psewudolikelihood	- 86.620	Prob > chi^2	0.0000
LR chi^2	503.30	Pseudo R^2	0.744

其次，用"对农业生态环境退化的了解程度（X_{11}）"替代"农药对环境影响的认知程度（X_{10}）"，再采用二元 Logistic 模型回归。结果如表 8 - 9 所示，所有自变量的显著性、系数的符号与表 8 - 7 中的相比并无本质变化。

表 8 - 9 稳健性检验结果

Y	系数	标准差	Z 值	P > | z|	95% 的置信区间	
性别（X_1）	- 0.098	0.471	- 0.29	0.771	- 0.489	0.825
年龄（X_2）	0.156	0.544	0.18	0.860	- 0.512	1.223
文化程度（X_3）	- 0.993	0.418	- 2.51	0.012	- 0.992	- 1.173
务农人数（X_4）	- 0.639	0.291	- 2.44	0.015	- 0.642	- 0.067
水稻种植面积（X_5）	- 0.052	0.010	- 4.98	0.000	- 0.038	- 0.033
水稻种植年限（X_6）	0.020	0.051	0.49	0.621	- 0.036	0.121
对专业化统防统治的了解程度（X_7）	- 0.591	0.287	- 2.19	0.029	- 0.578	- 0.028
是否参加过专业化统防统治培训（X_8）	- 2.064	0.601	- 3.77	0.000	- 1.740	- 0.886
农药对身体健康影响的认知（X_9）	- 1.022	0.311	- 2.75	0.006	- 0.858	- 0.412
对农业生态环境退化的了解程度（X_{11}）	- 0.827	0.377	- 2.63	0.009	- 0.806	- 0.087
常数项	16.427	2.927	5.44	0.000	5.660	22.165

模型整体检验统计量

总样本	491		
Log psewudolikelihood	- 84.908	Prob > chi^2	0.0000
LR chi^2	506.72	Pseudo R^2	0.749

通过以上稳健性检验，不论是计量方法的替换还是自变量的替换，所有自变量的显著性、系数的符号并没有发生本质变化。这充分说明本章模型设定合理，实证分析结论总体稳健。

8.5 本章小结

本章利用鄱阳湖生态经济区种稻户的实地调研数据，采用二元 Logistic 模型分析专业化统防统治采纳意愿与采纳行为差异性的影响因素，调查结果表明：具有专业化统防统治采纳意愿的 491 个样本中，没有发生专业化统防统治采纳行为的有 223 户，占采纳意愿总体的 45.4%；既有采纳意愿又有采纳行为的农户有 268 户，占采纳意愿总体的 54.6%。说明调查样本户的专业化统防统治采纳意愿和采纳行为的差异性较大。

实证研究发现，户主性别、年龄、水稻种植年限这 3 个变量均对农户专业化统防统治采纳意愿与采纳行为差异性没有显著影响，户主文化程度、务农人数、水稻种植面积、对专业化统防统治的了解程度、是否参加过专业化统防统治培训、农药对身体影响的认知、农药对环境影响的认知这 7 个因素对农户采纳意愿与采纳行为差异性有显著负向影响。

分析结果表明：户主文化程度越低的农户专业化统防统治采纳意愿与采纳行为差异性越大；务农人数越少的农户专业化统防统治采纳意愿与采纳行为差异性越大；水稻种植面积越小的农户专业化统防统治采纳意愿与采纳行为差异性越大；对专业化统防统治越不了解的农户专业化统防统治采纳意愿与采纳行为差异性越大；没参加过专业化统防统治培训的农户，其专业化统防统治采纳意愿与采纳行为差异性越大；认为农药对身体健康影响越小的农户，其专业化统防统治采纳意愿与采纳行为差异性越大；认为农药对环境影响越小的农户，其专业化统防统治采纳意愿与采纳行为差异性越大。

第 **9** 章

研究结论与政策建议

9.1 研究结论

9.2 政策建议

9.3 研究展望

9.1 **研究结论**

　　本书基于江西省鄱阳湖生态经济区水稻种植农户的调查数据，结合已有研究成果，采用描述性统计方法、二元 Logistic 模型等方法，实证分析了农户专业化统防统治采纳意愿与采纳行为的影响因素，然后通过采纳意愿与采纳行为的差异对比，分析了导致专业化统防统治采纳意愿与采纳行为差异的影响因素。经过分析，得出结论如下。

　　第一，研究发现，专业化统防统治的推行受到了较多水稻种植农户的欢迎，男性户主、年龄越年轻、文化程度越高、水稻种植面积越大、对专业化统防统治越了解、农药对身体健康影响的认知越深、农药对环境影响的认知越深的农户家庭越愿意采纳专业化统防统治。说明随着工业化和城市化的不断深入推进，随着农地流转速度的加快，专业化统防统治的推行满足了农业劳动力短缺和水稻规模种植的要求，也是适应现代农业生产经营方式转变和发展现代农业、可持续农业的必然趋势和方向。

　　第二，农户对专业化统防统治的采纳行为还有待进一步提升。研究发现，在 692 个样本户中，仅有 268 户采纳了专业化统防统治，占总样本户数的 38.73%。实证研究发现：户主性别、年龄、社会地位、非农收入占比、水稻种植年限、邻地是否采纳专业化统防统治、与专业化统防统治工作人员联系的难易程度这 7 个因素对专业化统防统治采纳行为没有显著影响；户主文化程度、务农人数、水稻种植面积、对专业化统防统治了解程度、是否参加过专业化统防统治培训、农药对身体健康影响的认知、农药对环境影响的认知这 7 个因素对农户专业化统防统治采纳行为有显著正向影响。分析结果表明：文化程度越高的农户越会去采纳专业化统防统治；务农人数越多的农户越会采纳专业化统防统治；水稻种植面积越大的农户越会采纳专业化统防统治；对专业化统防统治越了解的农户越会采纳专业化统防统治；参加过专业化统防统治培训的农户更会去采纳专业化统防统治；认为农药对身体健康影响越大的农户，越会采纳专业化统防统治；认为农药对环境影响越大的农户，越会采纳专业化统防统治。

第三，通过对农户专业化统防统治采纳意愿影响因素的实证分析和采纳行为影响因素的实证分析，发现户主文化程度、水稻种植面积、对专业化统防统治的了解程度、农药对身体健康影响的认知、农药对环境影响的认知这 5 个因素既显著正向影响采纳意愿又显著正向影响采纳行为。说明要促进水稻专业化统防统治的推广，这 5 个因素非常关键。

第四，总体上有 71% 的农户对专业化统防统治有采纳意愿，但还有相当一部分农户存在采纳意愿与采纳行为差异性的矛盾，即在对专业化统防统治有采纳意愿的农户中，仍有 45.4% 的农户最终没有采纳专业化统防统治。导致出现采纳意愿与采纳行为差异性的显著影响因素主要有：户主文化程度、务农人数、水稻种植面积、对专业化统防统治了解程度、是否参加过专业化统防统治培训、农药对身体健康影响的认知、农药对环境影响的认知。因此，要有效推进水稻的专业化统防统治，就有必要从这 7 个因素入手去减少专业化统防统治采纳意愿与采纳行为的差异。

9.2 政策建议

基于上述本研究的结论，提出以下几点关于推进专业化统防统治方面的政策建议，以供相关决策者参考。

第一，加大专业化统防统治的宣传力度。

调查数据显示，还是有一部分农户表示完全没有听说过专业化统防统治，这直接影响了他们专业化统防统治的采纳意愿，因此有必要提高专业化统防统治的宣传力度。南方稻作区内各稻作区的农业部门要制定一揽子宣传计划，组织专门力量、制定专项措施，定期检查考核，将宣传组织发动工作落实到乡（镇）、村，充分采用报纸、宣传画册、示范片展示等形式，利用电视、广播、农业信息网和"12316"热线平台等现代媒体，大力宣传专业化统防统治的重要性、科学性和必要性，力争做到家喻户晓。也可以通过张贴宣传横幅和标语、组织宣传车、推送手机短信、关注微信公众号等方式，一方面宣传专业化统防统治的先进典型和成功经验，另一方面宣传专业化统防统治对健康和环保的益处，提高稻作区内广大农户对农药慢性危害的认识和对专业化统防统治的了解程度。力争做到电视有图像、广播有声音、报纸有文字、网络有报道、乡村有宣传画、示范区有展示牌、基地和大户有宣传单。通过广泛宣传培训，让"公共植保、绿色植保、科学植保、专业防治"植保理念和"预防为主，综合防治"植保方针深入人心，统防统治、绿色防控和安全科学用药技术入户到田，逐步提升统防统治覆盖率。

第二，加大对教育的重视和支持力度，健全失地农民职业培训制度。

随着农业科技进步和创新，水稻生产对农民的素质要求会越来越高，无知识、无技能、仅可以从事简单体力劳动的一般劳动力已不能满足现代农业发展的要求。而且，通过实证分析发现，户主文化程度既显著影响农户专业化统防统治采纳意愿、采纳行为，又显著影响农户专业化统防统治采纳意愿与采纳行为的差异性，建议政府通过增加教育投入，提高农村孩子的受教育水平，提高其对农业新技术和新知识的认知、对农村生态环境退化的认知，从而积极、主动地采纳专业化统防统治。（1）改进农村的教学设备。现代化的教学设备可以激发学生的学习积极性、提高学习质量，尤其是在农村职业教育中，教学设备的先进与否，直接影响学生对专业技能的理解能力和掌握水平。所以，政府可以增加对农村教育的投入，为农村教育匹配现代化的教学设备。（2）改善农村教师待遇和地位。针对当前南方稻作区部分省份如江西省、湖南省等一些偏远农村教师招聘难、留不住等现象，地方政府可以通过引入编制、提高待遇来吸引优秀的教学师资前往农村服务。同时，国家及有关部门应定期或不定期开展创业就业技能培训和岗位技能提升培训，并对"失地农民"进行心理疏导，消除其内心自卑消极的心态，还要采取相应的配套扶持政策鼓励失地农民积极主动地参加培训，让"失地农民"从思想上、行动上向高质量"就业者"转变。这样既可以帮助"失地农民"获取多元技能，提升"失地农民"创业就业能力，提升其综合竞争力，又可以促进农民稳定就业和增收致富。

第三，积极推进土地流转，实现土地的规模化经营。

20世纪80年代初建立的家庭联产承包责任制曾经推动了农业生产的快速发展，但如今却在一定程度上制约了农业的现代化发展。农户的分散耕种已经不能满足现代农业发展的规模经营要求，根据前文分析可知，碎片化的农田也不利于专业化统防统治的推广和发展。对于专业化统防统治组织而言，水稻的统防统治面积必须达到一定规模，才能产生规模效益。近年来，南方稻作区农户兼业现象逐渐增多，农村土地流转市场发展缓慢将不利于农村经济的可持续发展。因此，一方面政府要加大对《中华人民共和国农村土地承包法》及《农村土地承包经营权流转管理办法》等相关法律的宣传，鼓励农民以自愿有偿为原则进行土地经营权的有效流转；另一方面，政府要从政策上完善农户的社会保障制度着手，解决转出农地农户的后顾之忧，最终将耕地向少数人手中集中，扩大规模种植，连片种植，这样才能满足植保专业化防治和服务层次的要求。政府可采取措施将闲置的零散土地向种田能手、家庭农场、农业龙头企业等新型农业经营主体集中，扩大专业化统防统治覆盖范围，提高专业化防治组织的防治效率。

第四，加大专业化统防统治的培训力度。

专业化统防统治的培训，既包括对农户专业化统防统治的培训，也包括对专业化防治组织中机防人员的培训。南方稻作区的不少省份诸如江西省、湖南省、浙江省、福建省等，都开展了科技特派员科技下乡服务活动。因此，可以通过选派科技特派员中农业植保方面的专家、学者定期或不定期地到各县（市、区）进行水稻种植、病虫害防治等方面的专题讲座。通过对农户专业化统防统治的培训活动，可以促使农户学习农药的基本常识、了解水稻的主要病虫害，提高农户对专业化统防统治的了解程度；通过对机防人员的培训，可以帮助机防人员掌握水稻病虫害的发生规律和防治最适期、掌握施药器械的正确操作方法和维修技术，提高机防人员的服务能力和技术水平，提升专业化防治组织的整体作业水平，以保障水稻生产安全、水稻质量安全和农业生态环境安全。同时，政府还可以把专业化统防统治纳入"阳光工程"项目，提高农户、农机推广者、研究者和政策制定者之间的互动水平，从而扩大专业化统防统治的受众群体，提高专业化统防统治的推广速度。

第五，密切专业化统防统治工作人员与农户的联系。

专业化统防统治工作人员是水稻专业化统防统治推广的主力军，在水稻增产、农民增收、农村发展等方面发挥着巨大作用。因此，政府及相关部门可印发《农作物病虫害专业化防治指导手册》《安全科学使用农药技术手册》等宣传培训资料，组织植保专家和专业化统防统治工作人员深入田间地头、农户家里和生产企业，现场讲解水稻专业化统防统治的优点和做法、高效植保机械施药技术、农药的安全使用技术和水稻病虫害防控技术，现场展示植保无人机等高效植保施药机械作业效率。一方面可以使专业化统防统治的相关知识和信息及时、有效地传达至农户，让农户能真正全面地了解专业化统防统治；另一方面还可以增加农户对专业化统防统治工作人员的了解和信任，引导农民自愿、主动参与专业化统防统治，从而推动专业化统防统治的快速发展。

第六，推进专业化防治组织的健康发展。

按照"稳粮、优供、增效"的总要求，围绕"提质增效转方式、稳粮增收可持续"和"打造全国绿色生态试验区样板"的工作主线，积极开展水稻专业化统防统治，为保障粮食提质增效、稳粮增收和农药减量，助力南方地区绿色生态发展和乡村振兴作出应有贡献。可以从以下三个方面着力推进专业化防治组织的发展：（1）主体升级。针对南方稻作区病虫害偏重发生的现象，可以推进出台水稻暴发性病虫害的政策性农业保险；同时，鼓励专业化防治组织为机防人员购买人身意外等商业性保险。加大对专业化防治组织的资金扶持，以便于防治组织进行推广宣传、病虫预测、药剂检测、抗药检测、技术培训和指导等；增加植保部门的仲裁职能，公平公正妥善处理各类赔偿纠纷，化解矛盾（农业部种植业管理司，2015）。（2）装备升级。政府应加大施药器械的研发投入，研发出适合我国水稻病虫害防治的操作简单、农药利用率高、防治效果好、适用性广且价格适中的植保器械。（3）服务升级。通过宣传培训、指导服务和职业技能鉴定等方式，提高专业防治组织的管理运营能力和从业人员的操作技能；通过政府购买统防统治服务等方式，提高统防统治覆盖率；通过现代通信手段进行病虫监控和预报，提供病虫发生情况和防治适期等方面的信息服务。

9.3 研究展望

尽管本书基于鄱阳湖生态经济区水稻种植户的实地调研数据，综合运用多种实证分析方法，通过分析农户专业化统防统治采纳意愿与采纳行为的影响因素，比较了采纳意愿与采纳行为的差异性，据此提出促进南方稻作区农户专业化统防统治采纳的相关政策建议。但仍存在以下不足，希望在未来的研究中加以改进。首先，不同类型的农户因为其家庭状况、资源禀赋等不同而在决策行为上可能存在差异，但本书并未对水稻种植大户与普通农户在采纳意愿与采纳行为的分析上加以区分。其次，限于作者调查能力和经费不足，本书获取的水稻种植农户调研数据仅是2017年的横截面数据，没有对农户专业化统防统治采纳意愿及采纳行为进行跟踪调研，缺乏长期分析，基于横截面数据分析所得出的结论可能未能全面地揭示变量之间的内在联系。

参 考 文 献

[1] 巴哈娜依·吾木尔扎克：《农药使用对农产品安全的影响》，载《乡村科技》2016 年第 27 期。

[2] 白月影：《专业化苹果种植户病虫害综合防治（IPM）技术采纳行为研究——基于陕、甘、鲁调查数据》，西北农林科技大学学位论文，2018 年。

[3] 波普金：《理性小农：越南农村社会的政治经济学》，加利福尼亚出版社 1979 年版。

[4] 卜范达、韩喜平：《农户经营内涵的探析》，载《当代经济研究》2009 年第 9 期。

[5] 蔡荣、蔡书凯：《农业生产环节外包实证研究——基于安徽省水稻主产区的调查》，载《农业技术经济》2014 年第 4 期。

[6] 蔡书凯、李靖：《水稻农药施用强度及其影响因素研究——基于粮食主产区农户调研数据》，载《中国农业科学》2011 年第 11 期。

[7] 蔡书凯：《农户 IPM 技术采纳行为及其效果分析——基于安徽省水稻种植户调研数据》，浙江大学学位论文，2012 年。

[8] 曹建民、胡瑞法、黄季焜：《技术推广与农民对新技术的修正采用：农民参与技术培训和采用新技术的意愿及其影响因素分析》，载《中国软科学》2005 年第 6 期。

[9] 曹峥林、王钊：《中国农业服务外包的演进逻辑与未来取向》，载《宏观经济研究》2018 年第 11 期。

［10］曾兰生、赖伍生、赖春华等：《大力推进统防统治全面提升病虫害防治水平——宁都县农作物病虫害统防统治的做法和经验》，载《农业科技通讯》2009年第4期。

［11］陈超、黄宏伟：《基于角色分化视角的稻农生产环节外包行为研究——来自江苏省三县（市）的调查》，载《经济问题》2012年第9期。

［12］陈江华、罗明忠、张雪丽：《禀赋特征、外部环境与农业生产环节外包——基于水稻种植户的考察》，载《新疆农垦经济》2016年第11期。

［13］陈路明：《国外移动图书馆实践进展》，载《情报科学》2009年第11期。

［14］陈玫：《公交经济补偿与公共目标改善联动机制研究》，北京工业大学学位论文，2009年。

［15］陈思羽、李尚蒲：《农户生产环节外包的影响因素——基于威廉姆森分析范式的实证研究》，载《南方经济》2014年第12期。

［16］陈松林、徐再清：《水稻病虫统防统治效益分析及发展前景初探》，载《湖北植保》2004年第6期。

［17］陈文浩、谢琳：《农业纵向分工：服务外包的影响因子测度——基于专家问卷的定量评估》，载《华中农业大学学报（社会科学版）》2015年第2期。

［18］陈锡文：《中国农业发展形势及面临的挑战》，载《农村经济》2015年第1期。

［19］陈锡文：《走中国特色农业现代化道路》，载《农村工作通讯》2007年第12期。

［20］陈昭玖、胡雯：《农地确权、交易装置与农户生产环节外包——基于"斯密—杨格"定理的分工演化逻辑》，载《农业经济问题》2016年第8期。

［21］程红伟：《生态经济发展模式下的产业发展战略研究——以鄱阳湖生态经济先导区为例》，南昌大学学位论文，2016年。

［22］崔凯：《三种农药在水稻中的吸收富集规律及对水稻内生菌群多样性的影响》，青岛科技大学学位论文，2017年。

［23］董程成：《非农兼业、耕地特征与农业社会化服务需求意愿——以病虫害专业化统防统治为例》，载《科技和产业》2012年第5期。

［24］段培：《农业生产环节外包行为响应与经济效应研究》，西北农林科技大学学位论文，2018年。

［25］高瑛、王娜、李向菲等：《农户生态友好型农田土壤管理技术采纳决策分析——以山东省为例》，载《农业经济问题》2017年第1期。

［26］葛继红、周曙东、朱红根：《农户采用环境友好型技术行为研究——以配方施肥技术为例》，载《农业技术经济》2010年第9期。

［27］龚道广：《农业社会化服务的一般理论及其对农户选择的应用分析》，载《中国农村观察》2000年第6期。

［28］顾俊、陈波、徐春春等：《农户家庭因素对水稻生产新技术采用的影响——基于对江苏省3个水稻生产大县（市）290个农户的调研》，载《扬州大学学报（农业与生命科学版）》2007年第2期。

［29］郭亮、杨勇：《农户采用蔬菜IPM技术的调查与评析——以四川省为例》，载《西安财经学院学报》2014年第2期。

［30］韩会平：《农户采用测土配方施肥技术的影响因素分析》，南京农业大学学位论文，2010年。

［31］韩军辉、李艳军：《农户获知种子信息主渠道以及采用行为分析——以湖北省谷城县为例》，载《农业技术经济》2005年第1期。

［32］韩明谟：《农村社会学》，北京大学出版社2002年版。

［33］何学松：《推广服务、金融素养与农户农业保险行为研究》，西北农林科技大学学位论文，2018年。

［34］侯国庆：《环境规制视角下的农户蛋鸡养殖适度规模研究》，中国农业大学学位论文，2017 年。

［35］胡豹：《农业结构调整中农户决策行为研究》，浙江大学学位论文，2004 年。

［36］胡霞：《日本农业扩大经营规模的经验与启示》，载《经济理论与经济管理》2009 年第 3 期。

［37］黄丹丹：《局部不均衡视角下农户融资困境及对策研究》，辽宁大学硕士学位论文，2018 年。

［38］黄季焜、胡瑞法、宋军等：《农业技术从生产到采用：政府、科研人员、技术推广人员与农民的行为比较》，载《科学对社会的影响》1991 年第 1 期。

［39］黄鹏进：《农民的行动逻辑：社会理性抑或经济理性——关于"小农理性"争议的回顾与评析》，载《社会科学论坛（学术评论卷）》2008 年第 8 期。

［40］黄武：《农户对有偿技术服务的需求意愿及其影响因素分析——江苏省种植业为例》，载《中国农村观察》2010 年第 2 期。

［41］黄宗智：《华北的小农经济与社会变迁》，中华书局 1986 年版。

［42］纪明山：《农药在现代化农业中的作用》，载《环境保护与循环经济》2011 年第 3 期。

［43］纪文武、周健、朱玲：《银川市郊蔬菜大棚种植者农药的知信行调查》，载《职业与健康》2012 年第 7 期。

［44］江雪萍、李大伟：《农业生产环节外包驱动因素研究——来自广东省的问卷》，载《广东农业科学》2017 年第 1 期。

［45］姜绍静、罗泮：《以农民专业合作社为核心的农业科技服务体系构建研究》，载《中国科技论坛》2010 年第 6 期。

［46］雷慧敏：《鄱阳湖生态经济区城镇化与区域生态风险耦合关系

研究》，东华理工大学硕士学位论文，2016 年。

[47] 黎宏华：《鄱阳湖生态经济区的生态补偿机制建设研究》，华东师范大学硕士学位论文，2013 年。

[48] 李春海：《新型农业社会化服务体系框架及其运行机理》，载《改革》2011 年第 11 期。

[49] 李光明、徐秋艳：《影响干旱区农户采用先进农业技术的因素分析》，载《统计与信息论坛》2012 年第 2 期。

[50] 李延敏：《中国农户借贷行为研究》，人民出版社 2010 年版。

[51] 李志瑞：《有机磷农药降解菌的分离筛选及其降解性能的初步研究》，西北大学硕士学位论文，2008 年。

[52] 廖西元、陈庆根、王磊等：《农户对水稻科技需求优先序》，载《中国农村经济》2004 年第 11 期。

[53] 廖西元、王磊、王志刚等：《稻农采用机械化生产技术的影响因素实证研究》，载《农业技术经济》2006 年第 6 期。

[54] 林毅夫：《制度、技术与中国农业发展》，上海人民出版社 1994 年版。

[55] 刘道贵：《实施棉花项目对池州市贵池区棉花生产及棉农行为的影响》，载《现代农业科技》2005 年第 1 期。

[56] 刘静、李容：《中国农业生产环节外包研究进展与展望》，载《农林经济管理学报》2019 年第 1 期。

[57] 刘梅：《农户可持续农业生产行为理论与实证研究》，江南大学学位论文，2011 年。

[58] 刘守英：《服务规模化与农业现代化：山东省供销社探索的理论与实践》，中国发展出版社 2015 年版。

[59] 刘伟、陈慧霞：《淮北市农药使用现状及使用量零增长对策》，载《中国植保导刊》2016 年第 9 期。

［60］刘晓婧：《农户标准化生产意愿与行为的实证研究》，中国海洋大学硕士学位论文，2012 年。

［61］刘洋、熊学萍、刘海清：《绿色防控的实施、应用、推广与政策：一个文献综述》，载《四川理工学院学报（社会科学版)》2014 年第 3 期。

［62］刘益平：《农业社会化服务是小农户的必然出路——基于湖南省 4 市 8 县的调研》，载《农村工作通讯》2018 年第 11 期。

［63］卢淑芳、赵侬勤：《水稻病虫害统防统治工作的成效与思考——来自浙江省磐安县的实践》，载《中国稻米》2017 年第 2 期。

［64］罗必良、李玉勤：《农业经营制度：制度底线、性质辨识与创新空间——基于"农村家庭经营制度研讨会"的思考》，载《农业经济问题》2014 年第 1 期。

［65］罗必良：《论服务规模经营——从纵向分工到横向分工及连片专业化》，载《中国农村经济》2017 年第 11 期。

［66］罗小娟、冯淑怡、石晓平等：《太湖流域农户环境友好型技术采纳行为及其环境和经济效应评价——以测土配方施肥技术为例》，载《自然资源学报》2013 年第 11 期。

［67］吕玲丽：《农民采用新技术的行为分析》，载《经济问题》2000 年第 11 期。

［68］马军韬：《浅析黑龙江省农药使用情况》，载《农药科学与管理》2009 年第 2 期。

［69］马歇尔：《经济学原理》，商务印书馆 1890 年版。

［70］满明俊、周民良、李同昇：《技术推广主体多元化与农户采用新技术研究——基于陕、甘、宁的调查》，载《中国农村经济》2010 年第 2 期。

［71］梅隆：《推进专业化统防统治势在必行》，载《农药市场信息》

2009 年第 22 期。

[72] 蒙秀锋：《广西贺州市农户选择农作物新品种的决策因素分析》，中国农业大学学位论文，2004 年。

[73] 米建伟、黄季焜、陈瑞剑等：《风险规避与中国棉农的农药施用行为》，载《中国农村经济》2012 年第 7 期。

[74] 牟业：《吉林省农村居民使用农药知识态度与行为调查》，载《中国农村卫生事业管理》2016 年第 2 期。

[75] 农业部种植业管理司：《农作物病虫害专业化统防统治指南》，中国农业出版社 2015 年版。

[76] 齐萌萌：《农户清洁生产意愿、行为及其偏差的实证研究》，山东农业大学博士论文，2018 年。

[77] 恰亚诺夫：《农民经济组织》，中央编译出版社 1996 年版。

[78] 邱友生：《江西水稻生产现状分析及发展对策探讨》，南京农业大学学位论文，2004 年。

[79] 萨缪尔森、诺德豪斯：《经济学》，华夏出版社 1999 年版。

[80] 申红芳、陈超、廖西元等：《稻农生产环节外包行为分析——基于 7 省 21 县的调查》，载《中国农村经济》2015 年第 5 期。

[81] 沈满洪：《外部性的分类及外部性理论的演化》，载《浙江大学学报（人文社会科学）》2002 年第 1 期。

[82] 沈沛霖：《萧山区水稻病虫统防统治试验示范及绿色防控技术应用》，浙江大学学术论文，2017 年。

[83] 沈泽阳：《安徽省农药使用现状、存在问题及对策研究》，安徽农业大学学位论文，2018 年。

[84] 史清华：《农户经济增长与发展研究》，中国农业出版社 1999 年版。

[85] 世界银行：《1992 年世界发展报告：发展与环境》，中国财政

经济出版社 1992 年版。

［86］世界银行：《1992 年世界发展报告》，中共财政经济出版社 1992 年版。

［87］舒尔茨：《改造传统农业》，耶鲁大学出版社 1964 年版。

［88］宋军、胡瑞法、黄季焜等：《农民的农业技术行为分析》，载《农业技术经济》1998 年第 6 期。

［89］苏岳静、胡瑞法、黄季焜：《农民抗虫棉技术选择行为及其影响因素分析》，载《棉花学报》2004 年第 5 期。

［90］孙洪武、陈志石、牛宜生：《无公害农业——我国现阶段农业发展的现实选择》，载《农业科技管理》2003 年第 4 期。

［91］谈存峰、张莉、田万慧：《农田循环生产技术农户采纳意愿影响因素分析——西北内陆河灌区样本农户数据》，载《干旱区资源与环境》2017 年第 8 期。

［92］谭崇台：《发展经济学概论》，武汉大学出版社 2001 年版。

［93］谭政华、刘学琴、李绍先：《中宁县农作物病虫害统防统治的做法和经验》，载《中国植保导刊》2008 年第 1 期。

［94］唐永金、敬永周、侯大斌等：《农民自身因素对采用创新的影响》，载《绵阳市经济技术高等专科学校学报》2000 年第 2 期。

［95］田红：《害虫抗药性增强应对措施》，载《农村新技术》2015 年第 2 期。

［96］汪宏博：《基于特殊光传输介质的稻田信息无损传输研究》，湖南农业大学学术论文，2018 年。

［97］王浩、刘芳：《农户对不同属性技术的需求及其影响因素分析——基于广东省油茶种植业的实证分析》，载《中国农村观察》2012 年第 53 期。

［98］王华书、徐翔：《微观行为与农产品安全——对农户生产与居

民消费的分析》，载《南京农业大学学报》2004 年第 1 期。

[99] 王明远：《略论国际投资与贸易中的环境法律问题》，载《中国环境管理》1996 年第 3 期。

[100] 王萍、刘丰茂、江树人：《农药接触对农业劳动者健康危害的研究进展》，载《农药学学报》2004 年第 2 期。

[101] 王永强：《苹果种植农户使用农药行为及其控制研究》，西北农林科技大学学位论文，2012 年。

[102] 王瑜：《以专业化防治确保"三个安全"》，载《农民日报》2011 年 9 月 10 日。

[103] 王志刚、胡适、黄棋：《蔬菜种植农户对农药的认知及使用行为——基于山东莱阳、莱州、安丘三市的问卷调研》，载《新疆农垦经济》2012 年第 6 期。

[104] 王志刚、申红芳、廖西元：《农业规模经营：从生产环节外包开始——以水稻为例》，载《中国农村经济》2011 年第 9 期。

[105] 危朝安：《专业化统防统治是现代农业发展的重要选择》，载《中国植保导刊》2011 年第 9 期。

[106] 韦森：《从哈耶克"自发—扩展秩序"理论看经济增长的"斯密动力"与"布罗代尔钟罩"》，载《东岳论丛》2006 年第 4 期。

[107] 韦永保：《水稻农药市场——变化与机遇》，载《农药市场信息》2022 年第 22 期。

[108] 文军：《从生存理性到社会理性选择：当代中国农民外出就业动因的社会学分析》，载《社会学研究》2001 年第 6 期。

[109] 文长存、吴敬学：《农户"两型农业"技术采用行为的影响因素分析——基于辽宁省玉米水稻种植户的调查数据》，载《中国农业大学学报》2016 年第 9 期。

[110] 吴芳芳：《鄱阳湖生态经济区农户农地流转意愿研究》，首都

经济贸易大学硕士学位论文，2016年。

［111］吴林海、侯博、高申荣：《基于结构方程模型的分散农户农药残留认知与主要影响因素分析》，载《中国农村经济》2011年第3期。

［112］吴雪莲、张俊飚、何可：《农户高效农药喷雾技术采纳意愿——影响因素及其差异性分析》，载《中国农业大学学报》2016年第4期。

［113］夏蓓、蒋乃华：《种粮大户需要农业社会化服务吗——基于江苏省扬州地区264个样本农户的调查》，载《农业技术经济》2016年第8期。

［114］向国成、韩绍凤：《农户兼业化：基于分工视角的分析》，载《中国农村经济》2005年第8期。

［115］肖素芳：《基于计量分析的鄱阳湖生态经济区人口—耕地—粮食耦合关系研究》，江西师范大学硕士学位论文，2016年。

［116］肖阳：《农业绿色发展背景下我国化肥减量增效研究》，中国农业科学院学位论文，2018年。

［117］徐敬友：《水稻病虫草害综合防治》，江苏科学技术出版社1993年版。

［118］徐璐、周恩雅、陈禹桐等：《北京市菜农对农药残留的认知程度及其影响因素》，载《江苏农业科学》2016年第12期。

［119］徐翔、孙文华、王华书：《新型农业工业化道路探析》，载《南京社会科学》2003年第S2期。

［120］阳检、高申荣、吴林海：《分散农户农药施用行为研究》，载《黑龙江农业科学》2010年第1期。

［121］杨大光、曹志平：《积极开展病虫统防统治促进植保服务向产业化发展》，载《湖南农业科学》1998年第6期。

［122］杨卫萍、魏琛、陆天友：《贵州省农村农药使用情况调查及水

源地污染现状研究》，载《环境监测管理与技术》2015 年第 5 期。

　　[123] 杨晓梅：《内蒙古城市大气颗粒物中有机氯农药的分布特征研究》，内蒙古师范大学学位论文，2013 年。

　　[124] 杨正伟：《我国农业面源污染现状及综合防控措施》，载《乡村科技》2019 年第 10 期。

　　[125] 杨志武、钟甫宁：《农户种植业决策中的外部性研究》，载《农业技术经济》2010 年第 1 期。

　　[126] 于晓斌：《吉林省玉米种植区耕层土壤中莠去津和乙草胺残留分布特征及风险评价》，东北师范大学学位论文，2015。

　　[127] 虞轶俊、石春华、施德：《水稻病虫统防统治手册》，中国农业出版社 2009 年版。

　　[128] 喻永红、张巨勇：《农户采用水稻 IPM 技术的意愿及其影响因素——基于湖北省的调查数据》，载《中国农村经济》2009 年第 11 期。

　　[129] 翟庆慧、薛梦宁、王旭东：《蔬菜病虫害防治农药减量增效的影响因素及改进措施》，载《现代农业科技》2019 年第 10 期。

　　[130] 张东风：《农户水稻良种购买意愿影响因素分析》，南京农业大学学位论文，2008 年。

　　[131] 张慧静：《蔬菜种植户农药使用行为及影响因素研究》，沈阳农业大学学位论文，2016 年。

　　[132] 张金鑫：《乡村旅游发展中社区居民的参与意愿与行为研究——以大梨树村为例》，沈阳农业大学硕士学位论文，2016 年。

　　[133] 张凯、张美红：《认知图式：社会认知的偏差与重构》，载《新西部（下半月）》2007 年第 4 期。

　　[134] 张丽：《化学农药对农业环境的污染与防治》，载《南京农专学报》2001 年第 4 期。

　　[135] 张利国、吴芝花：《大湖地区种稻户专业化统防统治采纳意愿

研究》，载《经济地理》2019 年第 3 期。

[136] 张利国：《农户从事环境友好型农业生产行为研究——基于江西省份农户问卷调查的实证分析》，载《农业技术经济》2011 年第 6 期。

[137] 张水玲：《基于不同种植结构农户技术需求的农业科技供给创新研究》，载《山东农业科学》2017 年第 6 期。

[138] 张晓山：《走中国特色农业现代化道路——关于农村土地资源利用的几个问题》，载《学术研究》2008 年第 1 期。

[139] 张秀玲：《中国农产品农药残留成因与影响研究》，江南大学学位论文，2013 年。

[140] 张亦贤：《推动打造我国南方粮食主产区稻谷优势产业链研究》，载《中国粮食经济》2020 年第 4 期。

[141] 张云华、马九杰、孔祥智：《农户采用无公害和绿色农药行为的影响因素分析——对山西、陕西和山东县（市）的实证分析》，载《中国农村经济》2004 年第 1 期。

[142] 张忠军、易中懿：《农业生产性服务外包对水稻生产率的影响研究——基于 358 个农户的实证分析》，载《农业经济问题》2015 年第 10 期。

[143] 赵建欣、张忠根：《对农户种植安全蔬菜的影响因素分析——基于对山东、河北两省菜农的调查》，载《国际商务（对外经济贸易大学学报）》2008 年第 2 期。

[144] 赵建欣：《农户安全蔬菜供给决策机制研究——基于河北、山东和浙江菜农的实证》，浙江大学博士学位论文，2008 年。

[145] 赵克勤：《晋中市农药使用现状、存在问题及对策建议》，载《农药科学与管理》2014 年第 12 期。

[146] 赵玉姝、焦源、高强：《农技服务外包的作用机理及合约选择》，载《中国人口·资源与环境》2013 年第 3 期。

[147] 郑凤田、赵阳:《我国农产品质量安全问题与对策》,载《中国软科学》2003 年第 2 期。

[148] 中华人民共和国国务院新闻办公室:《中国的粮食安全》,人民出版社 2019 年版。

[149] 钟玲、郭年梅,施伟韬等:《江西水稻农药减量技术集成优化与推广应用》,载《中国植保导刊》2019 年第 5 期。

[150] 周宝炉:《基于生命周期的稀土外部性理论及应用》,北京科技大学学位论文,2018 年。

[151] 周峰、徐翔:《无公害蔬菜生产者农药使用行为研究——以南京为例》,载《经济问题》2008 年第 1 期。

[152] 周洁红、胡剑锋:《蔬菜加工企业质量安全管理行为及其影响因素分析——以浙江为例》,载《中国农村经济》2009 年第 3 期。

[153] 周宁馨、何莉莉、王志刚:《农户对病虫害综合防治技术的行为选择——基于辽宁省蔬菜产地的问卷调查》,载《农业展望》2014 年第 7 期。

[154] 周桃棣:《水稻病虫害统防统治的实践与成效》,载《安徽农学通报(上半月刊)》2009 年第 13 期。

[155] 周喜应:《略论农药与农业可持续发展》,载《中国植保专刊》2014 年第 6 期。

[156] 周喜应:《浅谈我国的农药与粮食安全》,载《农药科学与管理》2014 年第 8 期。

[157] 朱焕潮、钟阿春、汪爱娟:《余杭区植保统防统治工作的实践与思考》,载《中国稻米》2009 年第 4 期。

[158] 朱明芬、李南田:《农户采用农业新技术的行为差异及对策研究》,载《农业技术经济》2001 年第 2 期。

[159] 朱希刚、赵绪福:《贫困山区农业技术采用的决定因素分析》,

载《农业技术经济》1995 年第 5 期。

［160］朱兆良、孙波、杨林章等：《我国农业面源污染的控制政策和措施》，载《科技导报》2005 年第 4 期。

［161］Abdollahzadeh G，Sharifzadeh M S，Damalas C A. Perceptions of the Beneficial and Harmful Effects of Pesticides among Iranian Rice Farmers Influence the Adoption of Biological Control. Crop Protection，Vol. 75，2015，pp. 124 – 131.

［162］Ajzen. From Insertions to Actions：A Theory of Planned Behavior. Heidelberg：Springer，1985.

［163］Ajzen. The theory of planned behavior. Organizational Behavior and Human Decision Processes，Vol. 50，No. 2，1991，pp. 179 – 211.

［164］Akinwumi A. Adesina，Moses M. Zinnah. Technology Characteristics，Farmers' Perceptions and Adoption Decisions：A Tobit Model Application in Sierra Leone. Agricultural Economics，Vol. 9，No. 4，1993，pp. 297 – 311.

［165］Anne Case. Neighborhood Influence and Technological Change. Regional Science& Urban Economics，Vol. 22，No. 3，1992，pp. 491 – 508.

［166］Anne – Marie Ridgeley，Stephen Brush. Social Factors and Selective Technology Adoption：The Case of Integrated Pest Management. Human Organization，Vol. 51，No. 4，1992，pp. 367 – 378.

［167］Arora Sumitra，Sehgal Mukesh，Srivastava D S，et al. Rice Pest Management with Reduced Risk Pesticides in India. Environmental Monitoring and Assessment，Vol. 191，No. 4，2019，pp. 241.

［168］Baidu Forosn J. Factors Influencing Adoption of Land – enhancing Technology in the Sahel：Lessons Form a Case Study in Niger. Agricultural Economics，Vol. 20，No. 3，1999，pp. 231 – 239.

［169］Batz F. J.，Peters K. J. & Janssen W. The Influence of Technology Characteristics on the Rate and Speed of Adoption. Agricultural Economics, Vol. 21, No. 2, 1999, pp. 122 – 130.

[170] Becher G. S. A theory of the allocation of time. The Economic Journal, Vol. 75, 1965, pp. 493 – 517.

[171] Beth E Waller, Casey W. Hoy, Janet L Henderson, et al. Matching Innovations with Potential Users, a Case Study of Potato IPM Practices. Agriculture, Ecosystems & Environment, Vol. 70, No. (2 – 3), 1998, pp. 203 – 215.

[172] Blake G. , Sandler H. A. , Coli W. , et al. An Awwessment of Grower Perceptions and Factors Influencing Adoption of IPM in Commercial Cranberry Production. Renewable Agriculture and Food Systems, Vol. 22, No. 2, 2006, pp. 134 – 144.

[173] Blessing Maumbe, Scott Swinton. Why Do Smallholder Cotton Growers in Zimbabwe Adopt IPM? The Role of Pesticide – related Health Risks and Technology Awareness. Tampa FL: American Agricultural Economics Association, 2000.

[174] Bonabana Wabbi J. Assessing Factors Affecting Adoption of Agricultural Technologies: The Case of Integrated Pest Management (IPM) in Kumi District, Eastern Uganda. Virginia Polytechnic Institute and State University, 2002.

[175] Buchanan, James M. and Stubblebine, William Craig. Externality. Economica, Vol. 29, 1962, pp. 371 – 384.

[176] C Shennan, C. L Cecchettini, G. B Goldman, et al. Profiles of California Farmers by Degree of IPM Use as Indicated by Self – descriptions in a Phone Survey. Agriculture, Ecosystems & Environment, Vol. 84, No. 3, 2001, pp. 267 – 275.

[177] Coase. R, The Problem of Social Cost. Journal of Law& Economics, Vol. 3, No. 10, 1960, pp. 1.

[178] Coleman J. S. Foundation of Social Theory. Cambridge: Belknap Press of Harvard University Press, 1990.

[179] Colin Thritle, LindleBeyers, Yousouf Ismael, et al. Can GM – technologies Help the Poor? The Impact of Bt Cotton in Makhathini Flats, Kwazulu – Natal. World Development, Vol. 31, No. 4, 2003, pp. 717 –732.

[180] Craik K J W. The Natureof Explanation. Cambridge UK: Cambridge University Press, 1943.

[181] Dasgupta S, Meisner C, Huq M. A Pinch or a Pint? Evidence of Pesticide Overuse in Bangladesh. Journal of Agricultural Economics, No. 1, 2007, pp. 91 –114.

[182] David J. Pannell. Pests and Pesticides, Risk Aversion. Agricultural Economics, Vol. 5, No. 4, 1991, pp. 361 –383.

[183] Donald J. Ecobichon. Pesticide Use in Developing Countries. Toxicology, Vol. 160, No. 1/3, 2001, pp. 27 –33.

[184] Doss C. R. , Morris M. How Does Gender Affect the Adoption of Agricultural Innovations? The Case of Improved Maize Technology in Ghana. Agricultural Economy, Vol. 25, No. 1, 2001, pp. 27 –39.

[185] Escalada M. M. , Heong K. L. Communication and Implementation of Change in Crop Protection. Ciba Foundation Symposium, No. 177, 1993, pp. 191 –202.

[186] FAO (Food, and Agriculture Organization). The State of Food Insecurity in the World 2005: Economic and Social Department, Food and Agriculture Organization of the United Nations. Rome: FAO, 2005.

[187] Feder G. , Just R. E. & Zilberman D. Adoption of Agricultural

Innovations in Developing Countries: A Survey. Economics Development a Cultural Change, Vol. 33, No. 2, 1985, pp. 255 – 298.

[188] Femenia. How to Significantly Reduce Pesticide Use: An Empirical Evaluation of the Impacts of Pesticide Taxation Associated with a Change in Cropping Practice. Ecological Economics, Vol. 125, No. C, 2016, pp. 27 – 37.

[189] Fernandez Cornejo J. The Microeconomic Impact of IPM Adoption: Theory and Application. Agricultural and Resource Economics Review, Vol. 25, No. 2, 1996, pp. 149 – 160.

[190] Fliegel F. C., Kivlin J. E. Attributes of Innovations as Factors in Diffusion. American Journal of Sociology, Vol. 72, No. 3, 1966, pp. 235 – 248.

[191] Gregory D. Wozniak. Joint Information Acquisition and New Technology Adoption: Late Versus Early Adoption. The Review of Economics and Statistics, Vol. 75, No. 3, 1993, pp. 438 – 445.

[192] Hamilton J, Sidebottom J. Mountain Pesticide Education and Safety Outreach Program: A Model for Community Collaboration to Enhance on Farm Safety and Health. North Carolina Medical Journal, Vol. 72, No. 6, 2011, pp. 471 – 473.

[193] Hildegard Garming, Hermann Hildegard & Waibel. Do Farmers Adopt IPM for Health Reasons? The Case of Nicaraguan Vegetable Growers. Kassel, Germany, 2007.

[194] Hoi PV. Pesticide Use in Vietnamese Vegetable Production: a 10 – year Study. International Joutnal of Agricultural Sustainability, Vol. 14, No. 3, 2016, pp. 325 – 338.

[195] IUCN, UNEP, WWF, World Conservation Strategy: Living Resource Conservation for Sustainable Development. International Union for Conservation of Nature and Natural Resources: Gland, 1980.

［196］IUCN, UNEP, WWF:《保护地球》，中国环境科学出版社 1992 年版。

［197］IUCN, UNEP, WWF. Word Conservation Strategy. Environmental Policy and Law, Vol. 6, No. 2, 1980, pp. 102.

［198］James I, Grieshop, Frank G Zalom & Gene Miyao. Adoption and Diffusion of Integrated Pest Management Innovations in Agriculture. Bulletin of the ESA, Vol. 34, No. 2, 1998, pp. 72 – 79.

［199］James M, Buchanan & Wm. Craig. Stubblebine, Externality, Economica, Vol. 29, No. 116, 1962, pp. 371 – 384.

［200］Jerry Copper, Hans Dobson. The Benefits of Pesticides to Mankind and the Environment. Crop Protection, Vol. 26, No. 9, 2007, pp. 1337 – 1348.

［201］Jikun Huang, Fangbin Qiao, Linxiu Zhang & Scott Rozellel. Farm Pesticide, Rice Production, and Human Health. Rice Science: Innovations and Impact for Livelihood , Vol. 1, 2002, pp. 901 – 918.

［202］Just, D. R. , Wolf, S. , Ziberman, D. Principles of Risk Management Service Relations in Agriculture. Agricultural Systems, Vol. 75, No. (2 – 3), 2003, pp. 199 – 213.

［203］J. A. Coutts. Process Paper Policy and Practice: A Case Study of the Introduction of Aformalextension Policy in Queensland, Australia, 1987 – 1994. Landbouw Universiteit, 1994.

［204］Keneth E. Warner. The Need for Some Innovative Concepts of Innovation: An Examination of Research on the Discussion of Innovations. Policy Sciences, Vol. 5, No. 4, 1974, pp. 433 – 451.

［205］Kevin T. McNamara, Christoph Weiss. Farm Household Income and on – and – off Farm Diversification. Agricultural and Applied Economics,

Vol. 37, No. 1, 2005, pp. 37 – 48.

[206] Kevin T. Mcnamara, Michael E. Wetzstein & G. Keith Douce. Fcators Affecting Peanut Producer Adoption of Integrated Pest Management. Riview of Agricultural Economics, Vol. 13, No. 1, 1991, pp. 129 – 139.

[207] Kishor Atreya. Pesticide Use Knowledge and Practices: a Gender Differences in Nepal. Environmental Research, Vol. 104, No. 2, 2007, pp. 305 – 311.

[208] Linda K. Lee, William H. Stewart. Land Ownership and the Adoption of Minimum Tillage. American Journal of Agricultural Economics, Vol. 65, No. 2, 1983, pp. 256 – 264.

[209] Mclean Meyinsses, Patricia E. , Jianguo Hui, et al. An Empirical Analysis of Louisiana Small Farmers' Involvement in the Conservation Reserve Program. Journal Agricultural and Applied Economics, Vol. 26, No. 2, 1994, pp. 379 – 385.

[210] Moser R, Pertot I, Elad Y, et al. Farmers' Attitudes Toward the Use of Biocontrol Agents in IPM Strawberry Production in Three Countries. Biological Control, Vol. 47, No. 2, 2008, pp. 125 – 132.

[211] Muhammad, ILyas Tariq. Leaching and Degradation of Cotton Pesticides on Different Soil Series of Cotton Growing Areas of Punjab, Pakistan in Lysimeters. Pakistan: University of the Punjab, Lahore, 2005.

[212] M. J Jeger. Bottlenecks in IPM. Crop Protection, Vol. 19, No. 6, 2000, pp. 787 – 792.

[213] Nicol, Anne Marie. Perceptions of Pesticides among Farmers and Farm Family Members, University of British Columbia, 2003.

[214] Oerke E. – C. , Dehne H. – W. Safeguarding Production——Losses in Major Crops and the Role of Crop Protection. Crop Protectiobn,

Vol. 23, No. 4, 2004, pp. 1 – 11.

[215] Pigou, Arthur C. The Economics of Welfare. London: Macmillian, 1962.

[216] Poubom C., Awah E. T., Tchuanyo M., et al. Farmers Perception of Cassava Pests and Indigenous Control Methods in Cameroon. Pans Pests Articles & News Summaries, Vol. 51, No. 2, 2005, pp. 157 – 164.

[217] P. C. Abhilash, Nandita Singh. Pesticide Use and Application: An Indian Scenario. Journal of Hazardous Materials, Vol. 165, No. 1/3, 2009, pp. 1 – 12.

[218] Rahaman Muhammad Matiar, Islam Khandakar Shariflu, Jahan Mahbuba. Rice Farmers' Knowledge of the Risks of Pesticide Use in Bangladesh. Journal of Health & Pollution, Vol. 8, No. 20, 2018, pp. 181 – 203.

[219] RO Nyankanga, HC Wien & OM Olanya, et al. Farmers' Cultural Practices and Management of Potato Late Blight in Kenya Highlands: Implications for Development of Integrated Disease Management. International Journal of Pest Management, Vol. 50, No. 2, 2004, pp. 10.

[220] Samiee A., Rezvanfar A., Faham E. Factors Influencing the Apotion of Integrated Pest Management (IPM) by Wheat Growers in Varamin County, Iran. African Journal of Agricultural Rearch, Vol. 4, No. 5, 2009, pp. 491 – 497.

[221] Sanzidur Raham. Farm – level Pesticide Use in Bangladesh: Determinants and Awareness. Agriculture, Ecosystems & Environment, Vol. 95, No. 1, 2003, pp. 241 – 252.

[222] Sarthak Chowdhury, Prabuddha Ray. Knowledge Level and Adoption of the Integrated Pest Management (IPM) Techniques: A Study among the Vegetable Growers of Katwa Sub – division, Bardhaman District. Indian Journal

of Agricultural Research, Vol. 44, No. 3, 2010, pp. 168 – 176.

[223] Sexton S. E. , Z. Lei & D. Zilberman. The Economics of Pesticides and Pest Control. International Review of Environmental and Resource Economics, Vol. 1, No. 3, 2007, pp. 271 – 326.

[224] Seyyed Mahmoud Hashemi, Christors A. Damalas. Farmers' Perceptions of Pesticide Efficacy: Reflections on the Importance of Pest Management Practices Adoption. Journal of Sustrinable Agriculture, Vol. 35, No. 1, 2010, pp. 69 – 85.

[225] Sharada Weir, John Knight. Adoption and Diffusion of Agricultural Innovations in Ethiopia: The Role of Education. CSAE Working Paper Series, Center for the Study of African Economies, Oxford University, No. 4, 2000, pp. 1 – 14.

[226] Sharifzadeh, Mohammad Sharif Abdollahzadeh, Gholamhossein Damalas, et al. Determinants of Pesticide Safety Behavior Among Iranian Rice Farmers. The Science of the Total Environment, Vol. 651, No. 2, 2019, pp. 2953 – 2960.

[227] Stephanie Williamson, Andrew Ball, Jules Pretty. Trends in Pesticide Use and Drivers for Safer Pest Management in Four African Countries. Crop Protection, Vol. 27, No. 10, 2008, pp. 1327 – 1334.

[228] Strauss J, Barbosa M. , Teixeira S. , et al. Role of Education and Extension in the Adoption of Technology: A Study of Upland Rice and Soybean Farmers in Central – West Brazil. Agricultural Economics, No. 5, 1991, pp. 341 – 359.

[229] Sule Isina, Ismet Yildirim. Fruit – growers' Perceptions on the Harmful Effects of Pesticides and Their Reflection on Practices: The Case of Kemalpasa, Turkey. Crop Protection, Vol. 26, No. 7, 2007, pp. 917 – 922.

［230］Sumaira Rizwan, Iftikhar Ahmad, Muhammad Ashraf, Shagufta Aziz, Tahira Yasmine, Adeela Sattar. Advance Effect of Pesticides on Reproduncion Hormones of Women Cotton Pickers. Pakistan Journal of Biological Sciences, Vol. 8, No. 11, 2005, pp. 1588 – 1591.

［231］Thangata P. H. , Alavalapati J. R. R. Agroforestry Adoption in Southern Malawi: The Case of Mixed Intercropping of Gliricidia Sepium and Maize. Agricultural Systems, Vol. 78, No. 1, 2003, pp. 57 – 71.

［232］Tjaart W, Schillhorn van Veen. International Trade and Food Safety in Developing Countries. Food Control, Vol. 16, No. 6, 2005, pp. 491 – 496.

［233］William J Ntow, Huub J Gijzen. Farmer Perceptions and Pesticide use Practices in Vegetable Production in Ghana. Pest Management Science, Vol. 62, No. 4, 2006, pp. 356 – 365.

［234］World Commission on Environment & Development, Our Common future: Oxford, 1987.

附录　关于"病虫害专业化统防统治"的调查问卷

问卷编号：＿＿＿＿＿＿＿＿＿＿＿＿

尊敬的农民朋友：

感谢您从百忙之中抽出时间接受我们的调查访问，为了解农户在水稻种植过程中病虫害统防统治采纳行为的情况，本课题组开展这次问卷调查。内容均用于学术研究，分析过程不会使用某个人的信息，请您不必有任何顾虑。

江西农业大学课题组

调查地点：＿＿＿＿市＿＿＿＿县（市、区）＿＿＿＿乡（镇）＿＿＿＿村

调查员姓名：＿＿＿＿＿＿＿＿＿　调研员联系电话：＿＿＿＿＿＿＿＿＿

调查时间：＿＿＿＿＿＿＿＿＿＿＿

提示：以下选择题中除了标注"可多选"之外，其余全部为单选题。

一、农户的基本情况

1. 您的性别是：（　　　）

A. 女　　　　　　　　　B. 男

2. 您与户主的关系：（　　　）

A. 户主　　　　　　　　B. 配偶

C. 子女或儿媳、女婿　　D. 父母

E. 其他亲戚　　　　　　F. 其他（请说明）_____

3. 您的年龄是：（　　）

A. 30 岁及以下　　　B. 31~40 岁　　　C. 41~50 岁

D. 51~60 岁　　　　E. 61 岁及以上

4. 您的文化程度是：（　　）

A. 文盲　　　　　　B. 小学　　　　　C. 初中

D. 高中（或中专）　E. 大专及以上

5. 您是党员吗?（　　）

A. 否　　　　　　　B. 是

6. 您是否为村（乡、镇）干部?（　　）

A. 否　　　　　　　B. 是

7. 您属于：（　　）

A. 一般水稻种植户　B. 外来承包户

C. 科技示范户　　　D. 其他

8. 您的家庭人口_____人，其中劳动力_____人，外出打工_____人。

9. 2016 年您家庭总收入_____元；非农收入_____元。

10. 您的身体状况怎么样?（　　）

A. 比较好　　　　　B. 一般　　　　　C. 比较差

二、水稻种植情况

1. 今年您水稻种植面积_____亩。其中，自家耕地_____亩，亩产_____公斤；租赁耕地_____亩，亩产_____公斤，每年租金约为_____元/亩，租期_____年；出售水稻的收入_____元（若您家种植的是"双季稻"，请在"种植面积"按两次水稻种植面积的合计数填写）。

2. 您种植水稻_____年。

3. 您的农田所在地主要是:(　　　)

A. 湖区　　　　　　　　B. 丘陵

C. 山区　　　　　　　　D. 平原

4. 您家的地块肥力在你们村属于:(　　　)

A. 比较好　　　　　　B. 一般　　　　　　C. 比较差

5. 您的主要农田所在地的农业基础设施条件:(　　　)

A. 比较好　　　　　　B. 一般　　　　　　C. 比较差

6. 您(自防自治户)亩产____(公斤),农药成本____(元/次·亩),打药次数____(次/季)

您(统防统治户)亩产____(公斤),防治成本____(元/次·亩),打药次数____(次/季)

三、认知情况

1. 您觉得自己施用农药对身体健康的影响程度?(　　　)

A. 很小　　　　　　　B. 较小　　　　　　C. 一般

D. 较大　　　　　　　E. 很大

2. 您觉得施用农药对生态环境的影响程度?(　　　)

A. 很小　　　　　　　B. 较小　　　　　　C. 一般

D. 较大　　　　　　　E. 很大

3. 您对农业生态环境退化问题(如:土壤污染、土壤侵蚀、地力衰退、植被遭到破坏、水体富营养化等)有所了解吗?(　　　)

A. 很不了解　　　　　B. 比较不了解　　　　C. 一般

D. 比较了解　　　　　E. 很了解

四、病虫害防治情况

1. 您家邻居是否采取统防统治?(　　　)

A. 否　　　　　　　　B. 是

2. 您对统防统治的了解程度如何?(　　　)

A. 很不了解　　　　　B. 比较不了解　　　C. 一般

D. 较了解　　　　　　E. 很了解

3. 您从哪里获得有关病虫害统防统治的知识?（　　　）

A. 政府部门　　　　　B. 中间机构

C. 自己搜寻　　　　　D. 其他（请说明）＿＿＿＿＿

4. 您是否采纳专业化统防统治?（　　　）

A. 否　　　　　　　　B. 是

如果选"是"，请跳过 5～21 小题。

5. 如果否，在今后的水稻病虫害治理中，您是否愿意参加统防统治?

（　　　）

A. 否　　　　　　　　B. 是

6. 如果否，您选择的打药方式是：（　　　）

A. 自己打药

B. 自己买药，雇别人打药，人工费元/次·亩

（如果选 A，请回答）您为什么自己打药?（　　　）

A. 自家劳动力充足　　B. 产量风险顾虑　　　C. 成本顾虑

（如果选 B，请回答）您为什么雇别人给您打农药?（　　　）

A. 没有劳动力　　　　B. 不会打

C. 怕打农药给自己健康带来损害

D. 非农收入更高　　　E. 省心，方便

F. 其他（请说明）＿＿＿＿＿

7. 您购买农药的依据是：（　　　）

A. 经验　　　　　　　B. 价格低　　　　　　C. 广告

D. 农技（植保）部门、村集体或合作社推荐

E. 经销商推荐　　　　F. 农药标签

G. 看邻居用得好　　　H. 其他

8. 您农药主要是从哪里买的？（　　　）

A. 农技推广部门　　　　　B. 农业综合服务中心

C. 合作社　　　　　　　　D. 私人农药、化肥零售店

9. 施药者平时非农就业一天的收入是多少？　＿＿＿＿＿＿＿（元）

10. 您家是否有人参加了水稻病虫害统防统治培训？（　　　）

A. 否　　　　　　　　　　B. 是

（如果选"是"，请回答）是谁去参加的？＿＿＿＿＿＿＿

11. 近几年，有没有农业技术服务人员上门宣传病虫害统防统治的知识？（　　　）

A. 否　　　　　　　　　　B. 是

12. 您觉得和统防统治工作人员联系困难吗？（　　　）

A. 很困难　　　　　　B. 比较困难　　　　C. 一般

D. 比较容易　　　　　E. 很容易

13. 你认为统防统治工作人员的指导是否及时？（　　　）

A. 否　　　　　　　　　　B. 是

14. 您对您目前的病虫害防治方式感到：（　　　）

A. 非常不满意　　　　B. 不满意　　　　　C. 一般

D. 满意　　　　　　　E. 非常满意

15. 您希望政府在病虫害统防统治方面怎么做？（可多选）（　　　）

A. 加强宣传　　　　　B. 提供指导与服务　C. 鼓励土地流转

D. 加大信贷支持　　　E. 其他（请说明）＿＿＿＿＿＿＿

16. 您认为目前水稻生产中病虫害防治统防统治存在什么问题？需要如何解决？以及其他的建议？

调查到此结束，再次感谢您对本问卷调查的支持！

祝您身体健康、万事如意！

后　记

　　本书是作者主持的教育部人文社会科学青年项目和江西省高校人文社科项目的最终成果，是作者和课题组成员多年来对农户专业化统防统治行为问题潜心研究、艰苦探索所取得的重要研究成果。

　　在本书付梓之际，首先要感谢教育部和江西省教育厅对本书的支持与资助，使我们有能力对本书进行大规模问卷调查，获取相关数据，为本书奠定基础。其次，要感谢江西农业大学经济管理学院领导和同事的大力支持，无论是从人力、物力还是财力上都给予了无私的帮助，尤其感谢"三农"问题研究中心主任廖文梅教授，经济管理学院的李剑富院长、熊龙彪书记，乡村振兴战略研究院执行院长翁贞林教授、郭锦墉教授和胡凯教授等。最后，感谢江西财经大学经济学院院长张利国教授、潘丹教授等，他们对本书的研究框架、研究内容等都给予了非常宝贵的建议。

　　感谢我的课题组成员张利国教授、廖文梅教授、郭锦墉教授、郑瑞强教授、刘小春副教授、陈江华副教授、张琴博士和廖小官硕士。同时要感谢同事汪兴东教授、李连英副教授、唐茂林博士、刘桂英副教授和吴春雅副教授，他们对本书第3章和第5章给予了非常宝贵的建议。

　　最后，我要由衷的感谢我的家人，家人给予我很大的精神鼓励和生活上的支持，家人的关爱是我前进的动力。没有家人的鼓励、支持和分担，我是无法顺利完成本书的。

吴芝花

2024 年 9 月 20 日晚于江西·南昌